羊病诊治彩色图谱

马玉忠　主编

中国科学技术出版社

·北　京·

图书在版编目（CIP）数据

羊病诊治彩色图谱/马玉忠主编.—北京：中国科学技术出版社，
2020.6

ISBN 978-7-5046-8433-2

Ⅰ.①羊… Ⅱ.①马… Ⅲ.①羊病—诊疗—图谱 ②羊病—防治—图谱
Ⅳ.① 858.26-64

中国版本图书馆 CIP 数据核字（2019）第 247044 号

策划编辑	王绍昱
责任编辑	王绍昱
装帧设计	中文天地
责任校对	焦　宁
责任印制	徐　飞

出　　版	中国科学技术出版社
发　　行	中国科学技术出版社有限公司发行部
地　　址	北京市海淀区中关村南大街16号
邮　　编	100081
发行电话	010-62173865
传　　真	010-62173081
网　　址	http://www.cspbooks.com.cn

开　　本	889mm×1194mm　1/32
字　　数	146千字
印　　张	6.75
版　　次	2020年6月第1版
印　　次	2020年6月第1次印刷
印　　刷	北京华联印刷有限公司
书　　号	ISBN 978-7-5046-8433-2 / S・756
定　　价	45.00元

主　　编：马玉忠

副 主 编：陈有旺　　姜淑荣　　徐景华

编写人员：邹东敏　　宣超莹　　张　婷　　段景龙
　　　　　　侯铭源　　刘若楠　　王建强　　纪丽莎
　　　　　　刘月琴　　刘茂军　　和建华　　徐丽娜
　　　　　　贾敬亮　　潘　青

　　随着人们生活水平的不断提高，对畜产品的质量要求越来越高。羊肉富含蛋白质、矿物质和维生素，脂肪、胆固醇含量较低，是理想的肉类食品。因而人们对羊肉的需求量日益增长，大大促进了养羊业的发展。近年来，规模化、集约化羊场不断出现，养羊业呈现蓬勃发展之势。在规模化养羊业的发展过程中，不可避免地伴随疾病的发生和发展更加复杂的局面。

　　为了有效地预防、诊断和治疗羊病，将羊的发病率和死亡率控制在最低程度，促进养羊业健康、稳定地发展，我们编写了《羊病诊治彩色图谱》一书。本书将养羊生产中一些常见传染病、寄生虫病、内科病、外科病、产科病、代谢病和中毒病等分门别类地列出，并对每种病从病原、临床症状、病理变化、诊断、防治等方面做了简明扼要的阐述，并配以大量彩图，做到直观明了，通俗易懂。

　　本书科学实用、简明扼要、图文并茂，可供养羊专

业户、基层畜牧兽医工作者、羊场技术人员使用，也可为大专院校畜牧兽医专业学生、教师和科研人员提供参考。

在本书编写过程中，河北省唐县和建华兽医师、曲阳县王建强兽医师及很多羊场工作人员提供了大量的羊病病例资料，同时作者参考了大量相关文献资料，听取了许多专家的意见，在此一并表示衷心感谢。由于作者水平有限，书中疏漏在所难免，恳请各位专家和读者不吝赐教，给予批评指正。

本书出版得到国家重点研发计划子课题"绵羊营养代谢等普通病综合防控技术与安全用药技术集成与示范"（2018YFD0502106）资助。

马玉忠

目 录

C o n t e n t s

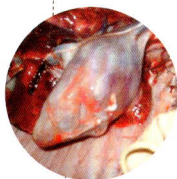

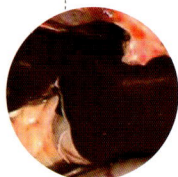

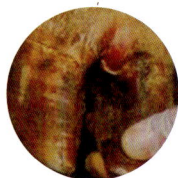

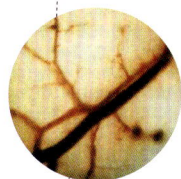

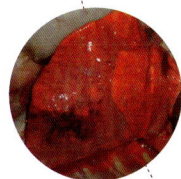

第一章　传染病

一、炭　疽

炭疽病是一种人兽共患的急性、热性传染病，病原为炭疽杆菌。羊对炭疽杆菌很敏感。山羊、绵羊可互相传染，绵羊更易感染。

【病　原】　炭疽杆菌为革兰阳性杆菌，在病羊体内不形成芽孢，但在外界适宜的条件下可形成芽孢，形成芽孢的炭疽杆菌抵抗力非常强，在土壤中可存活 10 年以上。

【流行特点】　病羊是主要传染源。濒死病羊体内及其排泄物中常有大量菌体，若尸体处理不当，炭疽杆菌形成芽孢并污染土壤、水、牧地，使之成为长久的疫源地。羊食入或饮入污染的饲料或饮水而感染，也可经呼吸道或由吸血昆虫叮咬而感染，皮肤破损时也有被侵入的危险。一年四季均可发生，但以夏季多雨季节发生较多。

【临床症状】　潜伏期一般为 1～5 天。常表现急性症状，病羊突然发病，行走不稳或倒地，磨牙，全身痉挛，呼吸急

图 1-1-1　病羊突然倒地，口鼻流血

促，口、鼻、肛门流出暗红色不易凝固的血液（图 1-1-1），数分钟内死亡。病程较慢者，可延续数小时，表现不安、战栗、呼吸困难和天然孔出血等。

【病理变化】　死于急性炭疽的病羊，天然孔流出凝固不良的血液，尸体很快发生膨胀腐败，尸僵不全。脾脏肿大（图 1-1-2），全身淋巴结出血和肿大，内脏出血（图 1-1-3），皮下有胶冻样水肿。

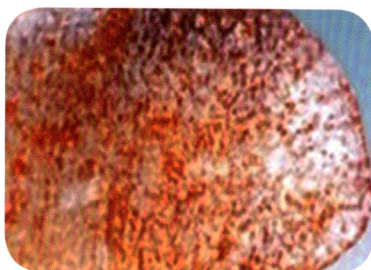

图 1-1-2　脾脏肿大，表面有出血点

图 1-1-3　肾肿大、淤血和出血

【诊　断】　根据流行特点和临床症状，一般不建议做病理剖检。

【预　防】

（1）免疫接种：在发生过炭疽病的地区，每年应进行 1 次炭疽 2 号芽孢苗注射免疫，皮下注射 1 毫升，免疫期 1 年。

（2）隔离封锁、紧急接种：疾病发生时，应立即封锁发病场所，并及时报告当地兽医防疫部门。病羊的尸体及粪便、垫草和其他废弃物品应进行焚烧或深埋，深埋地点应远离水源、道路及牧地。被病羊污染的圈舍、场地、饲具用 20% 漂白粉溶液消毒，并对羊群紧急预防接种。

【治　疗】

（1）抗炭疽血清，皮下或静脉注射，30 ~ 60 毫升，12 小时后再注射 1 次。

（2）青霉素，肌内注射，第一次用 160 万单位，以后每隔 4 ~ 6 小时用 80 万单位。

（3）链霉素，肌内注射，200 万单位，每天 2 次。

二、巴氏杆菌病

巴氏杆菌病是由多杀性巴氏杆菌引起的一种以败血症和肺炎为特征的疾病。

【病　原】　多杀性巴氏杆菌是革兰阴性短杆菌。病菌对干燥、热和阳光敏感。一般消毒药在数分钟内可将其杀死。

【流行特点】　多发于绵羊的幼龄羊和羔羊，山羊不易感染。病羊和带菌羊是此病的传染源。病原随分泌物和排泄物排出体外，经呼吸道、消化道及损伤的皮肤而感染。本病在冷热交替、天气骤变和环境污浊等条件下易发或流行。受寒、长途运输、饲养管理不当使带菌羊机体抵抗力降低时，可发生自体内源性传染。

【临床症状】

（1）最急性型：多见于哺乳羔羊，突然发病，出现寒战、虚弱、呼吸困难等症状，常于数分钟至数小时内死亡。

（2）急性型：病羊精神沉郁，体温升高到 41 ~ 42℃，咳嗽，鼻孔常有出血，有时混有黏液。初期便秘，后期腹泻，有时粪便全部变为血水。病羊常在严重腹泻后虚脱而死，病期 2 ~ 5 天。

（3）慢性型：病羊消瘦，不思饮食，流脓性鼻液，咳嗽，呼吸困难。有时颈部和胸下部发生水肿。结膜炎（图 1-2-1）。腹泻。临死前极度衰弱，体温下降。病程可达 3 周。

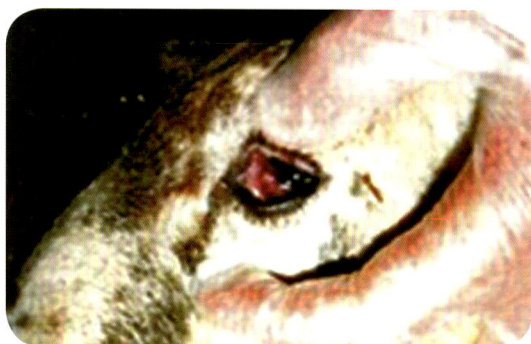

图 1-2-1　结膜炎

【病理变化】　皮下充血、出血（图 1-2-2）；气管出血（图 1-2-3）；肺脏淤血、出血，间质水肿，切面有大量浆液（图 1-2-4），肺脏与胸壁

图 1-2-2　皮下充血、出血

粘连（图 1-2-5）；胃肠道出血（图 1-2-6）。病程较长者消瘦，皮下胶样浸润，纤维素性肺炎（图 1-2-7），肝脏表面有坏死灶（图 1-2-8）。

图 1-2-3　气管出血

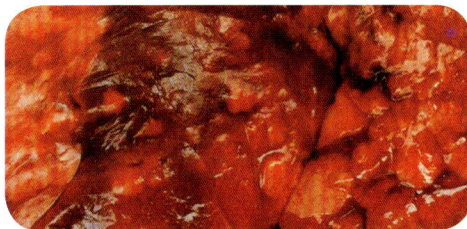
图 1-2-4　肺脏淤血、出血

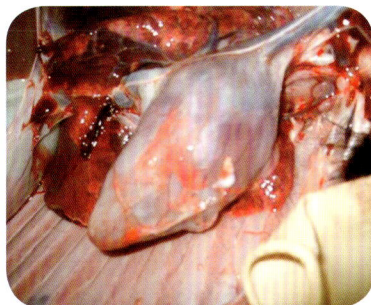
图 1-2-5　肺脏与胸壁粘连

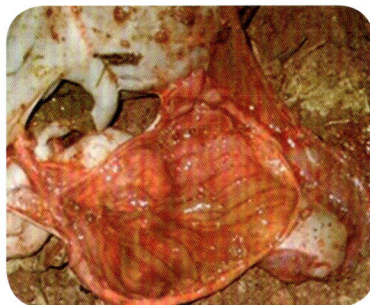
图 1-2-6　胃黏膜出血

图 1-2-7　纤维素性肺炎

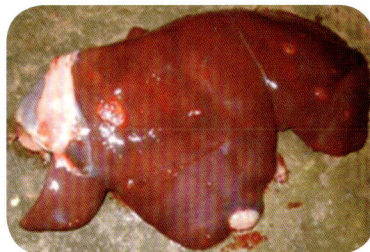
图 1-2-8　肝脏表面有坏死灶

【诊　断】　结合临床症状和病理变化即可做出诊断。

【治　疗】　发现病羊和可疑病羊立即隔离治疗。庆大霉素、四环素以及磺胺类药物都有良好的治疗效果。庆大霉素按每千克体重 1000 ~ 1500 单位，20% 磺胺嘧啶钠 5 ~ 10 毫升，均肌内注射，每天 2 次，直到体温下降、食欲恢复为止。

【预　防】　平时应注意饲养管理，避免羊受寒。发生本病后，羊舍用 5% 漂白粉或 10% 石灰乳彻底消毒，必要时用高免血清或菌苗做紧急免疫接种。

三、布鲁氏菌病

布鲁氏菌病又称布病，是由布鲁氏菌引起的人兽共患传染病。本病在我国民间也被称为"波浪热""流产病""懒汉病"或"爬床病"等。

【病　原】　病原为布鲁氏菌，存在于病畜的生殖器官、内脏和血液中。病菌对外界的抵抗力很强，pH 值 7.0 可存活时间较长，在干燥的土壤中可存活 37 天，在冷暗处和胎儿体内可存活 6 个月。巴氏消毒法可以杀灭病菌，70℃ 10 分钟也可杀死，高压消毒瞬间即亡。对寒冷的抵抗力较强，低温下可存活 1 个月左右。对消毒剂较敏感，1% 来苏尔、2% 甲醛、5% 生石灰水 15 分钟可杀死病菌。

【流行特点】　本病的传染源主要是病畜及带菌动物，最危险的是受感染的妊娠母畜，在流产和分娩时，将大量病原随胎儿、胎水和胎衣排出。本病主要通过采食被污染的饲料、饮水，经消化道感染，经皮肤、黏膜、呼吸道以及生殖道也能感染。与病羊接触、加工病羊肉而不注意消毒的人也易感本病。本病不分性别、年龄，一年四季均可发生。

【临床症状】　本病首先被注意到的症状是流产。病羊流产前食欲减退、口渴、委顿、阴道流出黄色黏液。流产多发生于妊娠后的第三、第四个月。流产母羊多数胎衣不下，继发子宫内膜炎，影响受胎（图 1-3-1）。公羊表现睾丸炎，阴囊肿胀拖地（图 1-3-2），行走困难，拱背，饮食减少，逐渐消瘦，失去配种能力。

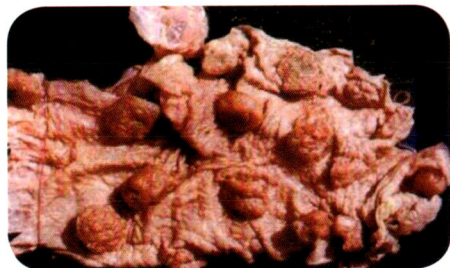

图 1-3-1　子宫内膜炎

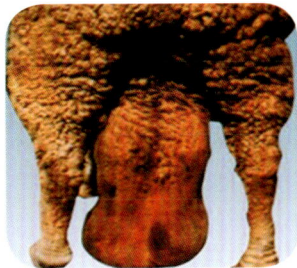

图 1-3-2　阴囊肿胀拖地

【病理变化】　急性期时附睾尾比正常大 1~2 倍，切面有大小不等的囊腔，内有乳白色絮状或干酪样物（图 1-3-3），精索呈结节或串珠状（图 1-3-4）。胎盘水肿，子叶出血、坏死（图 1-3-5）。胎儿脾和淋巴结肿大，肝出现坏死灶，胃肠和膀胱的浆膜与黏膜下可见点状或线状出血。

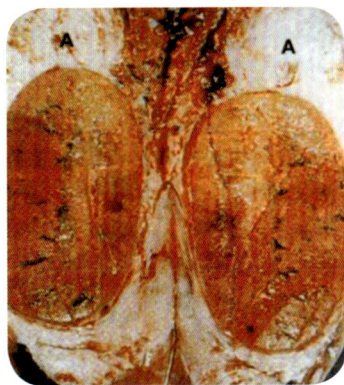

图 1-3-3　急性睾丸炎和附睾炎

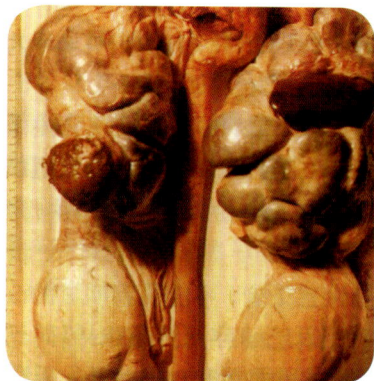

图 1-3-4　精索呈结节或串珠状

图 1-3-5　胎盘水肿、出血

【诊　断】　根据流行病学、临床症状、流产胎儿及胎膜的变化即可确诊。目前最常用的诊断方法是血清学诊断。其中，以平板凝集试验或试管凝集试验为准。

【防　治】　目前，本病尚无特效的药物治疗，只有加强预防检疫。

（1）定期检疫：羔羊每年断乳后进行一次布鲁氏菌病检疫。成羊2年检疫1次或每年预防接种而不检疫。对检出的阳性羊要捕杀处理，不能留养或给予治疗。

（2）免疫接种：当年新生羔羊通过检疫呈阴性的，用"2号弱毒活菌苗"口服或注射。羊不分大小每只口服500亿活菌。疫苗注射，每只羊25亿活菌，肌内注射。

四、坏死杆菌病

坏死杆菌病是畜禽共患的一种慢性传染病。在临床上表现为皮肤、皮下组织和消化道黏膜的坏死。

【病　原】 病原是坏死杆菌。病菌严格厌氧，至少可产生两种毒素：外毒素皮下注射可引起组织水肿，静脉注射则数小时内致死；内毒素皮下或皮内注射可致组织坏死。对理化因素抵抗力不强，对热及常用消毒剂敏感，但在污染的土壤中能长时间存活。对4%醋酸敏感。

【流行特点】 坏死杆菌在自然界分布很广，动物的粪便、死水坑、沼泽和土壤中均有存在，通过皮肤和黏膜而感染。本病多见于低洼潮湿地区和多雨季节，呈散发性或地方性流行。

【症状与病变】 患病的绵羊多于山羊。由于患病部位不同而表现症状也有差异，如病原侵害羊蹄部时，引起腐蹄病（图1-4-1）。病初，病羊的一肢或双肢发生跛行，可见蹄间隙、蹄踵、蹄冠等发生炎症，逐渐形成溃疡，挤压肿烂部位有腐臭脓样液体流出。如同时侵害两前肢，病羊往往爬行；后肢患病时，则前肢移到腹下。重症病例可引起蹄部深层组织坏死（图1-4-2），蹄匣脱落，坏死部位也可波及腱、韧带和关节。病羊行走困难，或长期卧地不起，如治疗不及时，常因衰竭、转移性病变或继发感染而死亡。绵羊羔还可发生坏死性口炎（又称

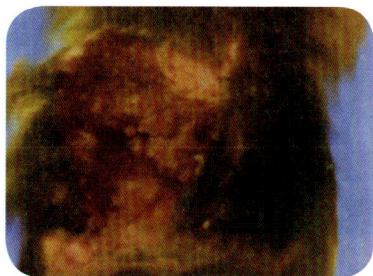

图1-4-1　腐蹄病

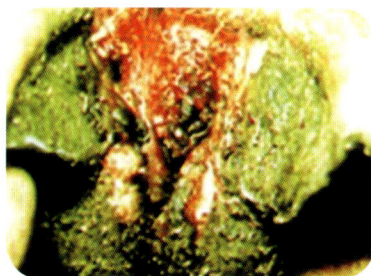

图1-4-2　蹄匣脱落，蹄底坏死

"白喉"），齿龈、颊、硬腭、舌及咽喉发生肿胀，上面覆盖的坏死物形成伪膜，伪膜脱落后露出溃烂面。轻症病例能很快恢复。重症病例若治疗不及时，往往由于内脏形成转移病灶而导致死亡。

【诊　断】　根据发病特点、临诊症状，可做出诊断。

【预　防】

（1）加强饲养管理，经常保持圈舍及羊体清洁卫生，防止过度拥挤，避免外伤发生，不在低洼潮湿地区放牧。

（2）发生外伤时，应及时用5%碘酊涂擦伤口，以防感染。

【治　疗】

（1）在四肢及皮肤发生病变时，先清除患部坏死组织，如脓肿未破，应切开排脓，直到出现干净的创面，再用6%甲醛、5%～10%硫酸铜，或2%食盐水中加入1%高锰酸钾蹄浴，然后用抗生素软膏、磺胺软膏或鱼石脂软膏涂抹。

（2）治疗坏死性口炎，先除去口腔内的伪膜，每天用1%高锰酸钾溶液洗涤2次，然后涂抹碘甘油或撒布冰硼散，每天3次，连用3～5天。

（3）对本病的溃疡创面，先将病变部位清洗干净，再用绷带包扎，将青霉素生理盐水溶液（4 000～6 000单位青霉素／毫升生理盐水）经引流管注入，每天3次，每次10毫升。

（4）磺胺嘧啶钠注射液，静脉或肌内注射，按每千克体重0.1克，每天2次，连用3～5天，并配合强心解毒药物，可促进康复，提高治愈率。

五、羊流产沙门氏菌病

羊流产沙门氏菌病是由羊流产沙门氏菌引起的一种急性传染病，以子宫炎症和流产为主要特征。

【**病　原**】 病原为羊流产沙门氏菌，在水、土壤和粪便中能存活几个月。但不耐热，一般消毒药物均能迅速将其杀死。

【**流行特点**】 本病主要在晚冬、早春季节发生。主要经消化道传染，病羊和健康羊交配或用病公羊的精液人工授精也可感染。寒冷、拥挤和长途运输等不良因素均可促进本病的发生。

【**临床症状**】 病羊阴唇肿胀，流产前 1～2 天常流出带血黏液（图 1-5-1），体温升高到 40～41℃，精神委顿，步态僵硬。流产常开始于产前 6 周左右，流产率达 60% 左右。有些羊可产出活羔，但因羔羊衰弱、腹泻、不食（图 1-5-2），常

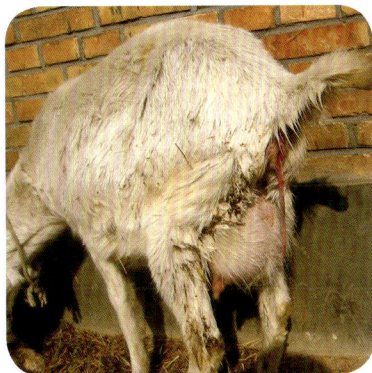

图 1-5-1　病羊阴唇肿胀，流产前流出带血黏液

图 1-5-2　衰弱的羔羊

于产后 1 ~ 7 天死亡。有些羊伴发腹泻症状，可持续 10 ~ 15 天。

【病理变化】 流产的母羊主要表现子宫炎和胎衣滞留（图 1-5-3），并伴有胃肠炎等病变。流产、死亡的胎儿或生后 1 周内死亡的羔羊，呈败血症变化。胎儿皮下组织水肿、充血；肝、脾肿胀，有灰色病灶。胎盘水肿、出血（图 1-5-4）；浆膜腔内有大量渗出液，浆膜有出血小点，心外膜的出血更为显著。

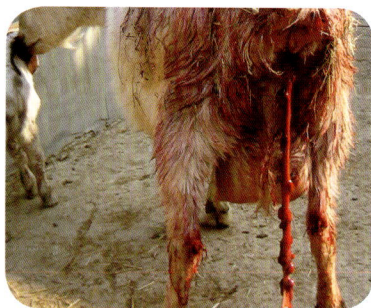

图 1-5-3　流产母羊胎衣滞留

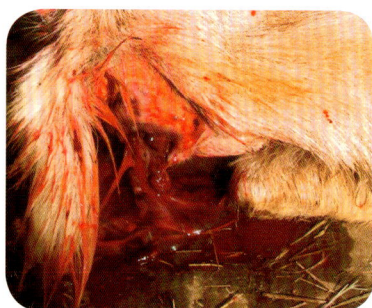

图 1-5-4　胎盘水肿、出血

【诊　断】 根据流行特点、临床症状和病理变化即可做出初步诊断。确诊需要取病母羊的粪便、阴道分泌物、血液和胎儿组织进行细菌分离鉴定。

【预　防】 对病羊隔离，流产胎儿、胎衣及污染物进行销毁，污染场地全面消毒处理。对可能受威胁的羊群，注射相应菌苗预防。

【治　疗】 病初用抗血清较为有效。如果用药物治疗，可选用新霉素。在抗菌消炎的同时，还应进行对症治疗。硫酸新霉素，5 ~ 10 毫克 / 千克体重，内服，每天 2 次。

六、羔羊大肠杆菌病

羔羊大肠杆菌病是由大肠杆菌引起的一种急性传染病，多发生在初生羔羊，主要表现急性败血症和胃肠炎，死亡率很高。

【病　原】　病原是致病性大肠杆菌。病菌对外界抵抗力不强，常用的消毒药均能迅速将其杀死。

【流行特点】　多发生于数天至6周龄的羔羊，呈地方性流行，也有散发的。经消化道感染。气候不良、营养不足、场地潮湿污秽等，易造成发病。主要在冬春舍饲期间发生。

【临床症状】　潜伏期1~2天，分为败血型和下痢型2种。

败血型多发于2~6周龄的羔羊。病羊体温41~42℃，精神沉郁，轻微腹泻（图1-6-1）；有的带有神经症状，运步失调，磨牙，视力障碍；也有的病例出现关节炎，多于病后4~12小时死亡。

图1-6-1　腹泻

下痢型多发于2~8日龄的新生羔。病羊病初体温略高，出现腹泻后体温下降，粪便呈半液体状，带气泡，有时混有血液。羔羊表现腹痛，虚弱，严重脱水，不能起立；如不及时治疗，可于24~36小时死亡。

【病理变化】

（1）败血型病羊，胸、腹腔和心包大量积液（图1-6-2），

内有纤维素；关节肿大，内含浑浊液体或脓性絮片。

（2）下痢型病羊，肠系膜充血、水肿和出血，肠系膜淋巴结肿胀（图1-6-3），肠黏膜充血、水肿，内容物混有血液和气泡（图1-6-4）。

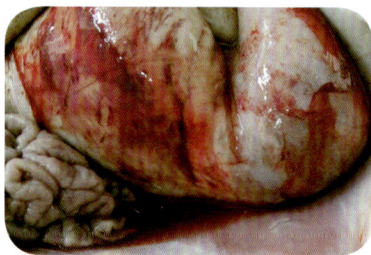

图1-6-2　腹腔内大量积液

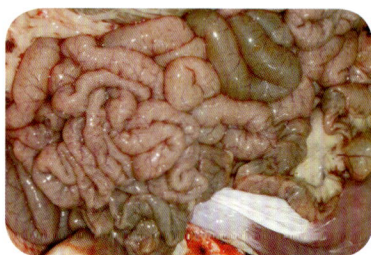

图1-6-3　肠系膜淋巴结肿大，色灰红

图1-6-4　肠黏膜充血、水肿，内容物混有血液和气泡

【诊　断】　根据流行病学、临床症状可做出初步诊断，确诊需进行细菌学检查。

【预　防】

（1）加强妊娠羊的饲养管理，确保新产羔羊的健壮，以增强机体抵抗力。

（2）改善羊舍的环境卫生，做到定期消毒，尤其是在母羊分娩前后对羊舍彻底消毒1～2次。

（3）注意幼羊防寒保暖工作，尽早让羔羊吃到足够的初乳。

（4）对污染的环境、用具，可用3%～5%来苏尔消毒。

【治 疗】

（1）使用四环素、多西环素、新霉素、黄连素，并发肺炎可注射青霉素或恩诺沙星。

（2）调整胃肠功能，纠正酸中毒。

（3）硫酸镁、甲醛、高锰酸钾疗法：灌服6%硫酸镁溶液（含0.5%甲醛）40毫升，经6～8小时再灌服1%高锰酸钾溶液10～20毫升，未愈的可重服高锰酸钾溶液1～2次。

七、李氏杆菌病

李氏杆菌病是由产单核细胞李氏杆菌引起的一种传染病。绵羊最为常见，各种年龄和性别的绵羊都可患病。

【病 原】 病原菌为产单核细胞李氏杆菌，对食盐和热耐受性强，巴氏消毒法不能杀灭，但一般消毒药易使其灭活。

【流行特点】 易感动物的种类范围广，通过消化道、呼吸道及损伤的皮肤而感染；呈散发性，发病率低，病死率很高。

【临床症状】 病初体温升高1～2℃，不久下降至接近常温。病羊精神沉郁，目光呆滞。有的意识障碍，无目的地乱窜乱撞。舌麻痹，采食、咀嚼、吞咽困难。鼻孔流出黏性分泌物；眼流泪，结膜发炎，眼球突出，常向一个方向斜视，甚至视力丧失。头颈偏向一侧，走动时向一侧转圈（图1-7-1），遇有障碍物时则以头抵靠不动。颈项强直，头颈呈角弓反张。后期卧地不起、昏迷、四肢划动呈游泳状，一般于 3～7 天死亡。妊娠母羊常发生流产，羔羊常发生急性败血症而很快死亡。病死率很高，随着年龄的增长而下降。

图 1-7-1　病羊向一侧转圈运动

【病理病变】　脑膜充血、水肿，脑脊液增多（图 1-7-2）。流产母羊胎盘发炎、子叶水肿（图 1-7-3），子宫内膜充血、出血或坏死。

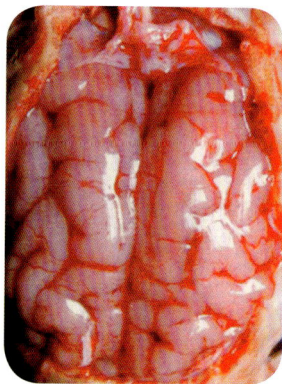

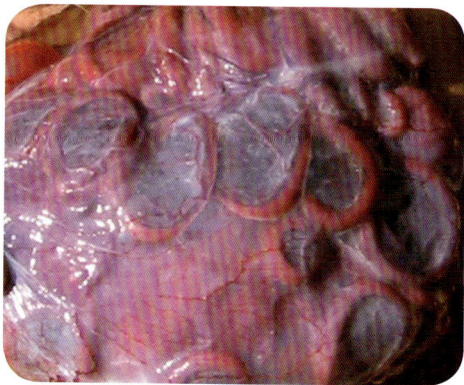

图 1-7-2　脑膜充血、水肿　　　图 1-7-3　胎盘发炎、子叶水肿

【诊　断】　由于本病症状的多样性，临床诊断比较困难。病羊如表现特殊神经症状、流产、血液中单核细胞增多，可疑为本病。确诊须用微生物学方法。

【预　防】　严格防疫制度。不从发病地区引入羊只。由于本病可感染人，故畜牧兽医人员应注意保护。平时注意清洁卫生和饲养管理，消灭啮齿动物；发病地区，应将病畜隔离治疗；病羊尸体要深埋，并用5%来苏尔对污染场地进行消毒。

【治　疗】　病羊早期可采取大剂量磺胺类药与抗生素并用，疗效较好。用20%磺胺嘧啶钠，按每千克体重5~10毫升；庆大霉素，按每千克体重1 000~1 500单位，均肌内注射。病羊出现神经症状时，可用盐酸氯丙嗪治疗，按每千克体重1~3毫克用药。

八、传染性角膜结膜炎

羊传染性角膜结膜炎又称流行性眼炎、红眼病。主要以急性传染为特点，眼结膜与角膜先发生明显的炎症变化，其后角膜浑浊，呈乳白色。

【病　原】　羊传染性角膜结膜炎是一种多病原的疾病，病原体有鹦鹉热衣原体、立克次体、结膜支原体、奈氏球菌等。目前认为，主要由衣原体引起。

【流行特点】　本病主要侵害山羊，尤其是奶山羊，绵羊也能感染。蝇类或某种飞蛾可传递本病。病羊的分泌物，如鼻涕、泪液、奶及尿液的污染物，均能散播本病。一年四季都有流行，但春、秋发病较多，一旦发病，1周之内可迅速波及全

群，甚至呈流行性或地方流行性。

【临床症状】 主要表现为结膜炎和角膜炎。多数病羊先一眼患病，然后波及另一眼。发病初期呈结膜炎症状（图1-8-1），流泪，畏光，眼睑半闭。眼内角流出浆液或黏液性分泌物，不久则变成脓性。上、下眼睑肿胀、疼痛、结膜潮红，并有树枝状充血，其后发生角膜炎、角膜浑浊和溃疡（图1-8-2），眼前房积脓或角膜破裂，晶状体可能脱落，造成永久性失明。本病很少引起死亡。

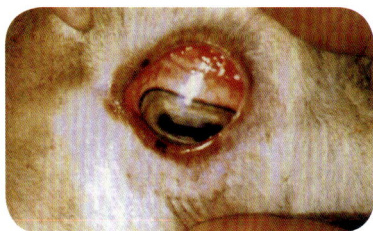

图1-8-1　眼结膜充血、潮红　　图1-8-2　结膜囊中有脓性分泌物，
角膜浑浊

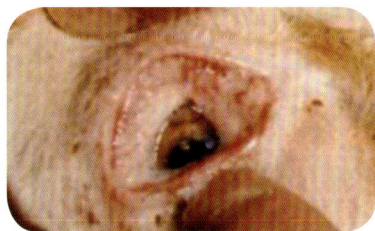

【诊　断】 根据本病结膜角膜炎的特征性症状以及流行特点即可做出诊断。但本病具有多病原性，有的病原除引起传染性结膜角膜炎外，还可出现其他症状，如有必要可用微生物学检验或荧光抗体技术确诊。

【预　防】 有条件的种羊场应建立健康群，立即隔离病畜，划定疫区，定时清扫消毒，严禁患病羊的流动。新购买的羊，至少隔离60天，方能与健康者合群。

【治　疗】 一般病羊若无全身症状，在半个月内可以自愈。发病后应尽早治疗，越快越好。用2%～4%硼酸液洗眼，拭干后再用 3% ~ 5% 蛋白银溶液滴入结膜囊中，每天 2 ~ 3 次，或涂以青霉素、四环素软膏。有角膜浑浊或角膜翳时，可涂以 1% ~ 2% 黄降汞软膏，每天 1 ~ 2 次。可用 0.1% 新洁尔灭，或 4% 硼酸水溶液逐头洗眼后，再滴以 5 000 单位 / 毫升普鲁卡因青霉素（用时摇匀），每天 2 次。重症病羊滴加醋酸可的松眼药水，并放太阳穴、三江穴血。角膜浑浊者，滴视明露眼药水效果很好。

九、结 核 病

结核病为人兽共患病，是由结核分枝杆菌引起的慢性传染病。病理特征是在多种组织器官内形成肉芽肿和干酪样坏死或钙化结节。临床上以频繁咳嗽、呼吸困难及体表淋巴结肿大为特征。

【病　原】　病原是结核分枝杆菌。病菌对外界抵抗力很强，在水、土壤中可存活 5 个月以上，常用的消毒药如 75% 酒精、3% ~ 5% 来苏尔可将其杀死。

【流行特点】　传染源为结核病患畜的排泄物和分泌物污染的饲料和饮水。羊主要通过消化道感染本病，也可由空气和生殖道感染。病菌随病羊的鼻液、痰液、粪便和乳汁等排出体外，污染饲料、饮水、空气等周围环境。病菌对链霉素、异烟肼、对氨基水杨酸和丝氨酸等药物敏感，对青霉素、磺胺类药物等不敏感。

【临床症状】　病羊体温多正常，有时稍升高，消瘦，被毛干燥，精神不振，多呈慢性经过。当患肺结核时，病羊咳嗽，流脓性鼻液。当乳房被感染时，泌乳量降低，乳汁稀薄。当患肠结核时，病羊有持续性消化功能障碍，便秘、腹泻或轻度胀气。

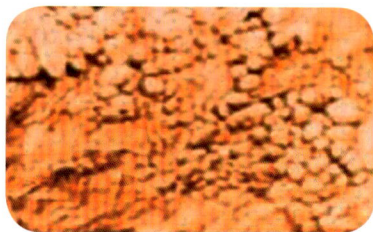

图 1-9-1　肺脏上结核结节

【病理变化】 病羊消瘦，黏膜苍白，在肺脏、胰脏和其他器官以及浆膜上形成特异性结核结节和干酪样坏死灶（图 1-9-1）。干酪样物质趋向软化和液化，并具明显的组织膜是山羊结核结节的特征。原发性结核病灶常见于肺脏和纵隔淋巴结，可见白色或黄色结节，有时发展成小叶性肺炎，在胸膜上可见灰白色半透明珍珠状结节。肠系膜淋巴结有结节病灶（图 1-9-2）。乳房结核，乳房硬化，乳房淋巴结肿大（图 1-9-3）。

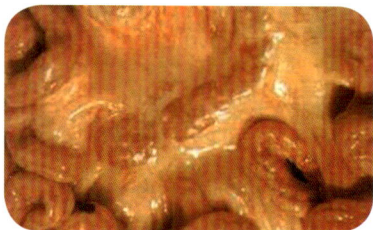

图 1-9-2　肠系膜淋巴结结节病灶

图 1-9-3　乳房内结节病灶

【诊　断】 根据流行病学、症状和病变可做出初步诊断。采取患病动物的病灶、痰液、尿液、粪便、乳汁及其他分泌物做抹片、镜检、分离培养和实验动物接种进行确诊。

【预　防】 加强检疫，阳性病羊立即调出隔离，及时淘汰病羊。对与病羊接触过的羊群，立即进行全群检疫。症状明显的开放性病羊应当扑杀，内脏要深埋或焚烧。对病羊污染的地面，饲槽用20%石灰乳、10%漂白粉进行消毒，病羊的粪便发酵处理后利用。病羊所产乳汁要单独存放、煮沸消毒。所产羊羔用1%来苏尔洗涤消毒后，隔离饲养，3个月后进行结核菌素试验，阴性者方可与健康羊群混养。

【治　疗】 可用异烟肼、链霉素等药物。链霉素按每千克体重10毫克，肌内注射，1天2次，连用数天。异烟肼按每千克体重4~8毫克，分3次灌服，连用1个月。

十、副结核病

副结核病也称羊副结核性肠炎，是由副结核分枝杆菌引起的一种以羊间歇性腹泻和进行性消瘦为特征的慢性接触性传染病。

【病　原】 副结核分枝杆菌具有抗酸染色特性，对外界环境的抵抗力较强，在污染的牧场、圈舍中可存活数月，对热抵抗力差，75%酒精和10%漂白粉能很快将其杀死。

【流行特点】 幼龄羊的易感性较大，经过很长的潜伏期，到成年时才出现临床症状，特别是当机体的抵抗力减弱，饲料中缺乏无机盐和维生素时容易发病。呈散发或地方性流行。

【临床症状】 病羊腹泻反复发生，稀便呈卵黄色、黑褐色，带有腥臭味或恶臭味，并带有气泡。开始为间歇性腹泻，逐渐变为经常而又顽固的腹泻，后期呈喷射状排出。有的母羊泌乳少，颜面及下颌部水肿，腹泻不止，最后消瘦、衰竭而死

（图 1–10–1）。病程一般 15～20 天。

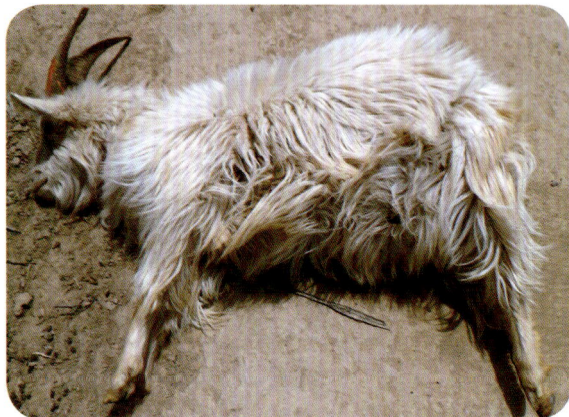

图 1–10–1　病羊消瘦，衰竭而死

【**病理变化**】　病羊尸体极度消瘦，可视黏膜苍白。皮下与肌间脂肪胶样浸润。回肠、盲肠和结肠的肠壁明显增厚，肠黏膜表面凹凸不平（图 1–10–2）。肠系膜淋巴结肿大，切面灰白或灰红，呈髓样变（图 1–10–3）。有的皱胃和直肠系膜淋巴结高度肿胀。

图 1–10–2　肠黏膜起皱，凹凸不平

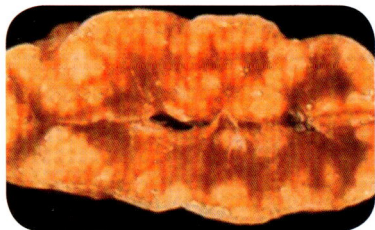

图 1–10–3　肠系膜淋巴结肿大，呈髓样变

【鉴别诊断】 本病应与胃肠道寄生虫病、营养不良、沙门氏菌病等相鉴别。

寄生虫病：在粪便中常发现大量虫卵，剖检时在胃肠道里有大量的寄生虫，肠黏膜缺乏副结核病的皱褶变化。

营养不良：多见于冬春枯草季节，病羊消瘦、衰弱，在早春抢青阶段，也会发生腹泻，但肠道缺乏副结核病的病理变化。

沙门氏菌病：多呈急性或亚急性经过，粪便中能分离出致病性沙门氏菌。

【防　治】 羊副结核病无治疗价值。用变态反应每年检疫病羊群4次；对出现临床症状或变态反应阳性的病羊，及时淘汰；感染严重、经济价值低的羊群应淘汰；对圈栏应彻底消毒，并空闲1年后再引入健康羊。

十一、放线菌病

羊放线菌病是一种慢性传染病，其特征为局部组织增生与化脓，形成放线菌肿。

【病　原】 病原主要是牛放线菌和林氏放线菌。牛放线菌抵抗力微弱，一般消毒剂均可将其杀死，对青霉素、链霉素、四环素等抗生素敏感。林氏放线菌为革兰阴性、兼性厌氧的杆菌，对外界环境条件抵抗力不强，对链霉素、四环素等抗生素敏感。

【流行特点】 放线菌病的病原不仅存在于污染的土壤、饲料和饮水中，而且还寄生于动物口腔、咽部黏膜、扁桃体和皮肤等部位。因此，黏膜或皮肤上只要有破损，便可以感染。本

羊病诊治彩色图谱

病一般为散发。

【临床症状】 常见下颌骨肿大，肿胀发展缓慢。最初的症状是下唇和面部的其他部位增厚，经过几个月才在增厚的皮下组织中形成直径 5 厘米左右、单个或多数的坚硬结节（图1-11-1），有时皮肤化脓破溃，形成瘘管。病羊不能采食，消瘦、衰弱。舌和咽部感染时，组织肿胀变硬，流涎，咀嚼困难。乳房患病时，呈弥漫性肿大或有局灶性硬结。

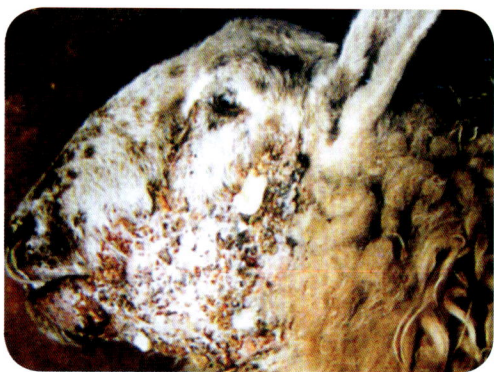

图 1-11-1　面部皮肤增厚，形成坚硬结节

【病理变化】 放线菌在组织内感染引起组织坏死、化脓，脓汁可穿透皮肤向外排脓，形成瘘管。在骨组织内的放线菌瘘管伸向骨组织深部，破坏骨组织，使骨组织进一步坏死，呈豆腐渣状（图 1-11-2）。在软组织内的放线菌病灶，其瘘管都伸向颌下间隙深部。脓液中含有坚硬光滑、黄白色的细小菌块，甚似硫黄颗粒。当舌体上患病时，舌体增粗变硬，称为木舌症（图 1-11-3）。

图 1-11-2　上颌骨的放线菌病灶　　图 1-11-3　舌体增粗变硬

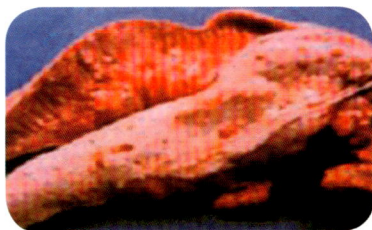

【诊　断】　病羊下颌部及面部的脓肿有波动性，个别病羊的脓肿破溃形成瘘管后流出脓汁，可怀疑是放线菌病。用注射器于脓肿部抽取少量脓汁。将 1～2 滴脓汁滴于载玻片上，加1 滴 10% 氢氧化钠溶液，混匀溶解脓汁后，加盖玻片搓压。低倍弱光下镜检，有黄色的直径为 3 毫米的菊花状菌，确认为放线菌病。

【预　防】　粗硬的饲料可以损伤口腔黏膜，利于放线杆菌的侵入，所以蒿秆、谷糠或其他粗饲料应浸软后再喂。注意饲料及饮水卫生，避免到低湿地区放牧。

【治　疗】

（1）碘剂治疗：①静脉注射 10% 碘化钠溶液，并经常给病部涂抹碘酒。碘化钠的用量为 20～25 毫升，每周 1 次，直到痊愈为止。由于侵害的是软组织，故静脉注射相当有效，在轻型病例往往 2～3 次即可治愈。②碘化钾，每次 1.5 克，每天 3 次，配成水溶液服用，直到肿胀完全消失为止。③碘化钾 2 克溶于 1 毫升蒸馏水中，再与 5% 碘酊 2 毫升混合，一次注射于患部。如果应用碘剂引起碘中毒，应即停止治疗5～6 天或减少用量。中毒的主要症状是流泪、流鼻液、食欲

消失及皮屑增多。

（2）手术治疗：对于较大的脓肿，手术切开排脓，然后给伤口内塞入碘酊纱布，1~2天更换1次，直到伤口完全愈合为止。有时伤口快愈合时又逐渐肿大，这是因为施行手术后没有彻底用消毒液冲洗，病菌未完全杀灭，以致又重新复发。在这种情况下，可给肿胀部分注入1~3毫升复方碘溶液。注射以后病部会忽然肿大，但以后会逐渐缩小，达到治愈目的。

（3）抗生素治疗：同时用青霉素和链霉素注射于患部周围。青霉素每千克体重1万~1.5万单位，链霉素每千克体重10毫克，每天1次，连用5天为1个疗程。链霉素与碘化钾同时应用，效果更为显著。

十二、衣原体病

衣原体病是由鹦鹉热衣原体引起的绵羊、山羊的一种传染病。临床上以发热、流产、死胎和产出弱羔为特征。在疾病流行期，也见部分羊表现多发性关节炎、结膜炎等疾患。

【病　原】　鹦鹉热衣原体属于衣原体科、衣原体属。鹦鹉热衣原体抵抗力不强，对热敏感。0.1%甲醛、0.5%苯酚、75%酒精、3%氢氧化钠均能将其灭活。衣原体对青霉素、四环素、红霉素等抗生素敏感，而对链霉素和磺胺类药物有抵抗力。

【流行特点】　患病动物和带菌动物为主要传染源，可通过粪便、尿液、乳汁、泪液、鼻分泌物以及流产的胎儿、胎衣、羊水排出病原体，污染水源、饲料及环境。本病主要经呼吸道、消化道及损伤的皮肤、黏膜感染；也可通过交配或用患病公羊的精液人工授精发生感染，子宫内感染也有可能；蜱、螨等吸血昆虫叮咬也可能传播本病。羊衣原体性流产多呈地方性流行。密集饲养、营养缺乏、长途运输或迁徙、寄生虫侵袭等激因素可促进本病的发生、流行。

【临床症状】 感染绵羊、山羊可有不同的临床表现，主要有下列几种病型。

（1）流产型：潜伏期 50～90 天。流产通常发生于妊娠中后期，一般观察不到征兆，临床表现主要为流产、死胎或娩出生命力不强的弱羔羊（图 1-12-1）。流产后往往胎衣滞留，流产羊阴道排出分泌物可达数日。流产过的母羊一般不再发生流产。在本病流行的羊群中，可见公羊患有睾丸炎、附睾炎等疾病。

图 1-12-1　病羊娩出生命力不强的弱羔

（2）关节炎型：受侵害羔羊，可引起多发性关节炎（图 1-12-2）。感染羔羊于病初体温高达 41～42℃，食欲减退，掉群，不适，四肢关节（尤其腕关节、遗传关节）肿胀、疼痛，一肢或四肢跛行。患病羔羊肌肉僵硬，或弓背而立，或长期卧

地，体重减轻，生长发育受阻。有些羔羊同时发生结膜炎。发病率高，病程2~4周。

图1-12-2 羔羊多发性关节炎

（3）结膜炎型：眼结膜充血、水肿，大量流泪（图1-12-3）。病后2~3天，角膜发生不同程度的浑浊，出现血管翳、糜

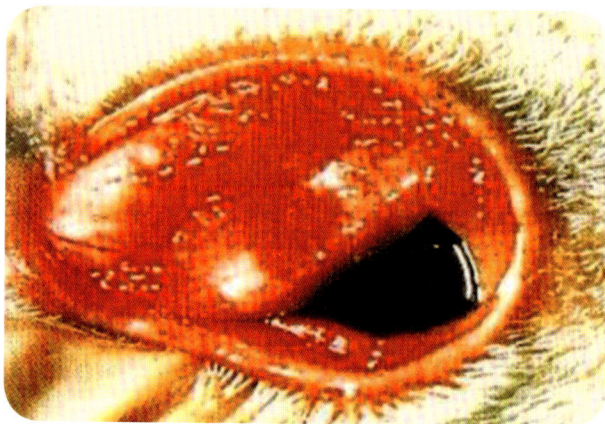

图1-12-3 眼结膜充血、水肿

烂、溃疡或穿孔。数天后，在瞬膜、眼结膜上形成直径 1~10 毫米的淋巴滤泡。发病率高，一般不引起死亡，病程 6~10 天，角膜溃疡者，病程可达数周。

【病理变化】

（1）流产型：流产母羊胎膜水肿、增厚，子叶呈黑红色或土黄色。流产胎儿水肿，皮肤、皮下组织、胸腺及淋巴结等处有点状出血，肝脏充血、肿胀，表面可能有针尖大小的灰白色病灶。组织病理学检查，胎儿肝、肺、肾、心肌和骨骼血管周围网状内皮细胞增生。

（2）关节炎型：关节囊扩张，发生纤维素性滑膜炎。关节囊内积聚有炎性渗出物，滑膜附有疏松的纤维素性絮片。患病数周的关节滑膜层由于绒毛样增生而变粗糙。

（3）结膜炎型：结膜充血、水肿。角膜发生水肿、糜烂和溃疡。瞬膜、眼结膜上可见大小不等的淋巴样滤泡。

【诊　断】 根据流行特点、临床症状和病理变化可做出初步诊断。确诊需进行实验室诊断。

【防　治】 加强饲养卫生管理，消除各种诱发因素，防止寄生虫侵袭，增强羊群体质。流行本病的地区，用羊流产衣原体灭活苗对母羊和种公羊进行免疫接种，可有效控制羊衣原体病的流行。发生本病时，流产母羊及所产弱羔应及时隔离。流产胎盘、产出的死羔应予销毁。污染的羊舍、场地等环境用 2% 氢氧化钠溶液、2% 来苏尔等进行彻底消毒。

治疗可肌内注射青霉素，每次 80 万~160 万单位，每天 2 次，连用 3 天。也可用四环素、红霉素等治疗，连用 1~2 周。结膜炎患羊可用土霉素软膏点眼治疗。

十三、链球菌病

羊链球菌病俗称"嗓喉病"，是羊的一种急性、热性、败血性传染病。以下颌淋巴结和咽喉肿胀，大叶性肺炎，呼吸异常困难，各脏器出血，胆囊肿大为特征。

【病　原】　本病的病原是链球菌，革兰染色阳性，对一般的消毒药物抵抗力较差，常用的消毒药如 2% 苯酚、0.1% 升汞、2% 来苏尔以及 0.5% 漂白粉可将其杀死。

【流行特点】　本病主要发生于绵羊，山羊次之。病羊和带菌羊是本病的主要传染源，通常经呼吸道排出病原体，也可通过损伤的皮肤、黏膜以及羊虱蝇等吸血昆虫叮咬传播。病死羊的肉、骨、皮、毛等可散播病原，在本病传播中具有重要作用。新发病区常呈流行性发生，老疫区则呈地方性流行或散发性流行。一般于冬、春季节气候寒冷、草质不良时多发。

【临床症状】　本病的潜伏期，自然感染时为 2~7 天，少数可达 10 天。

最急性型：病羊症状不明显，常于 24 小时内死亡。

急性型：病初病羊体温升高到 41℃ 以上，精神萎靡，垂头，呆立，不愿行走，食欲减退或废绝，停止反刍。眼结膜充血（图 1-13-1），流泪，随后出现浆液性分泌物，鼻腔流出浆液性脓性鼻汁。咽喉部肿胀（图 1-13-2），咽背和颌下淋巴结肿大，呼吸困难，流涎、咳嗽。粪便有时带有黏液或血液。妊娠羊阴门红肿，多发生流产。最后衰竭倒地，多数窒息死亡。病程 2~3 天。

图 1-13-1 眼结膜充血

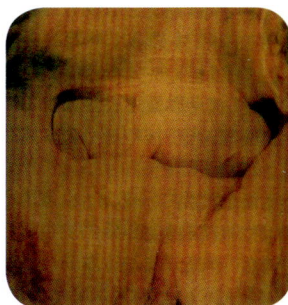

图 1-13-2 咽喉部肿胀

亚急性：体温升高，食欲减退。流黏性透明鼻液，咳嗽，呼吸困难。粪便稀软带有黏液或血液。嗜卧，不愿走动，走时步态不稳。病程 1~2 周。

慢性型：一般轻度发热、消瘦、食欲不振、腹围缩小、步态僵硬；有的咳嗽，有的出现关节炎。病程 1 个月左右，发生死亡。

【病理变化】 皮下结缔组织充血，咽喉部高度水肿，胸腔内有深黄色的胶样渗出液，肺实质出血，呈浆液纤维素性肺炎（图 1-13-3）。心内、外膜都有点状出血。肝脏肿大（图 1-13-4），

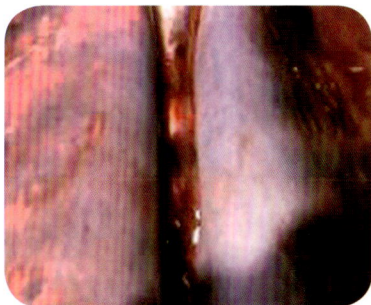

图 1-13-3 浆液纤维素性肺炎

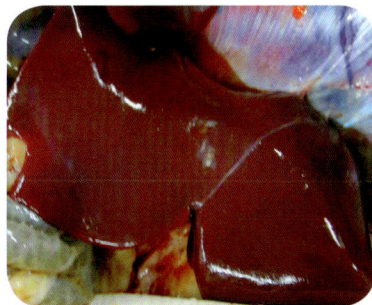

图 1-13-4 肝脏肿大

表面有少量出血点。胆囊肿大，充满黑绿色胆汁（图1-13-5）。脑膜充血、出血（图1-13-6）。肾脏质地变脆、变软，肿胀，被膜不易剥离。小肠黏膜脱落，肠内容物混有血液。肠系膜淋巴结出血，肿大。

图1-13-5　胆囊肿大，充满黑绿色胆汁

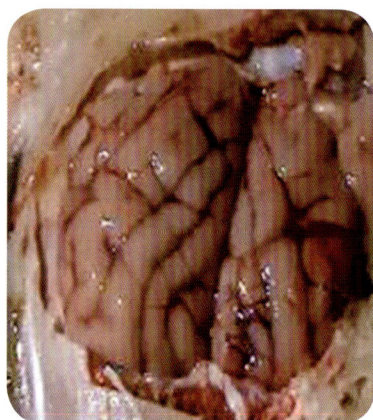

图1-13-6　脑膜充血、出血

【诊　断】　根据流行特点、临床症状和病理变化可做出初步诊断。确诊需进行实验室诊断。

【防　治】

（1）做好羊圈及场地、用具的消毒工作。入冬前，用链球菌氢氧化铝甲醛菌苗进行预防注射，羊不分大小，一律皮下注射3毫升，3月龄内羔羊14~21天后再免疫注射1次，免疫期可维持半年以上。

（2）发病后，对病羊和可疑羊要分别隔离治疗，场地、器具等用10%石灰乳或3%来苏尔严格消毒，羊粪及污物等堆积发酵，病死羊进行无害化处理。

（3）高热者用 30% 安乃近肌内注射 3 毫升。病情严重食欲废绝的给予强心补液，5% 葡萄糖盐水 500 毫升，安钠咖 5 毫升、维生素 C 5 毫升、地塞米松 10 毫升静脉滴注，每天 2 次，连用 3 天。

（4）早期可选用青霉素或磺胺类药物进行治疗。每次肌内注射青霉素 80 万~160 万单位，每天 2 次，连用 2~3 天。内服磺胺嘧啶每次 5~6 克（小羊减半），用药 1~3 次；或口服复方新诺明，每次每千克体重 25~30 毫克，每天 2 次，连用 3 天。

（5）加强饲养管理，做好抓膘、保膘及保暖防风、防冻、防拥挤。定期消灭羊体内外寄生虫。做好羊圈及场地、用具的消毒工作。

十四、葡萄球菌病

葡萄球菌病主要是由金黄色葡萄球菌引起的以组织器官发生化脓性炎症或全身性脓毒败血症的总称。

【病　原】　金黄色葡萄球菌呈球形，革兰阳性，常呈葡萄状排列。

【流行特点】　病原菌可通过损伤的皮肤和黏膜、呼吸道及消化道等各种途径而感染，各种诱发因素对本病的发生和流行起着非常重要的作用。

【临床症状】　经呼吸道感染可引起气管炎、肺炎及脓胸等。乳房发热、疼痛、高度肿胀（图 1-14-1）。乳房分泌物呈红色至黑红色，带恶臭味。

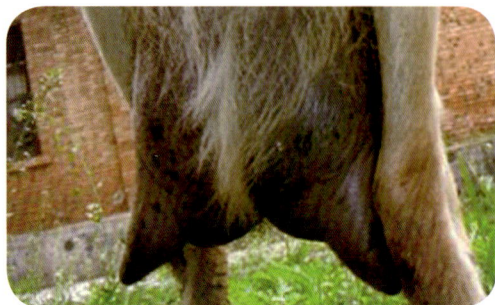

图 1-14-1　乳房发热、疼痛、高度肿胀

【病理变化】 皮下、肌肉与内脏器官常形成或大或小的脓肿，其中含有糊状或浓稠的灰黄色脓汁，脓肿包囊明显。肺、胸膜发生化脓性炎症时，可进一步引起肺与胸膜粘连。肝、脾、肾、肺表面有灰白色的坏死点及脓肿（图 1-14-2），下颌淋巴结、股前淋巴结和肠系膜淋巴结肿大，常呈紫红色。脓肿外周由结缔组织包裹。

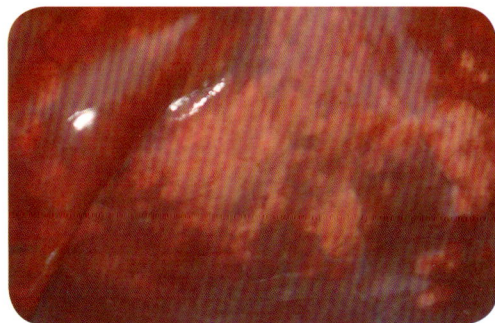

图 1-14-2　肺表面有灰白色的坏死点及脓肿

【防 治】 保持饲养环境的清洁卫生，避免外伤，提高机体的抵抗能力等，可大大减少本病的发生。此外，对患病羊

可采用抗生素做局部或全身治疗。有条件的可先做体外抑菌试验，选择最敏感的抗菌药物进行治疗。

十五、羊 快 疫

羊快疫是绵羊的一种急性传染病，以突然发病，病程短促，皱胃黏膜呈出血性炎性损害为特征。

【病 原】 本病的病原是腐败梭菌，是革兰染色阳性的厌气大杆菌。病菌可产生多种毒素。在动物体内外均能产生芽孢，不形成荚膜。一般要使用强力消毒药如20%漂白粉、3%～5%氢氧化钠等才能进行消毒。

【流行特点】 病羊多为6～18月龄营养较好的绵羊，山羊较少。多发于春、秋季节。羊采食或饮入了污染的饲料或饮水，当外界存有不良诱因，如气候骤变、阴雨连绵、体内寄生虫等时都可诱发本病。以散发为主，发病率低而病死率高。

【临床症状】

（1）最急性型：病羊突然停止采食和反刍，磨牙、腹痛、呻吟，四肢分开，后躯摇摆，呼吸困难，口鼻流出带泡沫的液体。痉挛倒地，四肢呈游泳状，2～6小时死亡。

（2）急性型：病初病羊精神不振，食欲减退，行走不稳，排粪困难，卧地不起，腹部膨胀，呼吸急促，眼结膜充血，呻吟流涎。粪便中带有炎性产物或黏膜，呈黑绿色。体温升高到40℃以上时呼吸困难，不久后死亡。

【病理变化】 刚死的羊皱胃有出血性炎症变化，胃底部及幽门附近的黏膜，常有略低于周围正常黏膜的出血斑块和坏死区（图1-15-1）。黏膜下组织水肿，胸、腹腔及心包积液，心的内外膜和肠道有出血点，胆囊多肿胀。肾、肝等实质器官有程度不同的淤血（图1-15-2）。

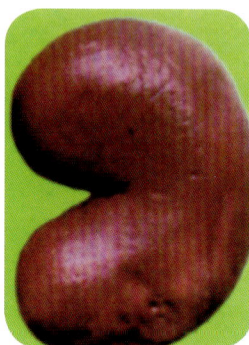

图1-15-1　皱胃黏膜出血　　图1-15-2　肾淤血

【诊　断】　在羊生前诊断本病有困难，根据临床症状只能做出初步诊断，死后剖检可见皱胃出血，确诊需进行细菌学检验。

【预　防】　由于本病的病程短促，往往来不及治疗。因此，必须加强平时的防疫措施。当牧场发生本病时，将病羊隔离，对病程较长的病例施行对症治疗。当本病发生严重时，应将所有未发病羊转移到高燥地区放牧，同时用菌苗进行紧急接种，加强饲养管理，防止受寒感冒，避免羊采食冰冻饲料，早晨出牧不要太早。在本病常发地区，每年可定期注射羊快疫、猝狙、肠毒血症三联苗，或羊快疫、猝狙、肠毒血症、羔羊痢疾、黑疫五联苗。

【治　疗】　病羊往往来不及治疗而死亡。对病程稍长的病羊，可采用以下药物治疗：青霉素，肌内注射，每次80万~160

万单位，每天2次。磺胺嘧啶，灌服，按每次每千克体重5~6克，连用3~4次。10%~20%石灰乳，灌服，每次5~100毫升，连用1~2次。复方磺胺嘧啶钠注射液，肌内注射，按每次每千克体重0.015~0.02克，每天2次。磺胺脒，按每千克体重8~12克，第1天1次灌服，第2天分2次灌服。

十六、羊肠毒血症

羊肠毒血症又称软肾病、类快疫，是由魏氏梭菌在羊肠道内繁殖产生毒素所引起的绵羊急性传染病。

【病　原】　魏氏梭菌为革兰阳性的厌氧粗大杆菌，可形成荚膜，故又称为产气荚膜杆菌，可产生多种肠毒素，导致全身性毒血症。

【流行特点】　发病以绵羊为多，山羊较少。通常以2~12月龄、膘情好的羊为主；经消化道而发生内源性感染。牧区以春夏之交抢青时、秋季牧草结籽后的一段时间发病为多，农区则多见于收割抢茬季节或食入大量富含蛋白质饲料时。多呈散发性流行。

【临床症状】　本病发生突然，病羊呈腹痛、肚胀症状，常离群呆立、卧地或独自奔跑；濒死期发生肠鸣或腹泻，排出黄褐色水样粪便；全身颤抖，磨牙，头颈向后弯曲；口鼻流沫；常于昏迷中死亡。体温一般不高。血、尿常规检查常有血糖、尿糖升高现象。

【病理变化】　皱胃内常见残留未消化的饲料；肾脏软化如泥样（图1-16-1）；肠充血、出血（图1-16-2），严重者整个肠段肠壁呈血红色；体腔积液；心脏扩张，心内、外膜有出

血点（图 1-16-3）；脑膜出血，脑实质内有液化性坏死灶（图 1-16-4）。全身淋巴结肿大，切面黑褐色。

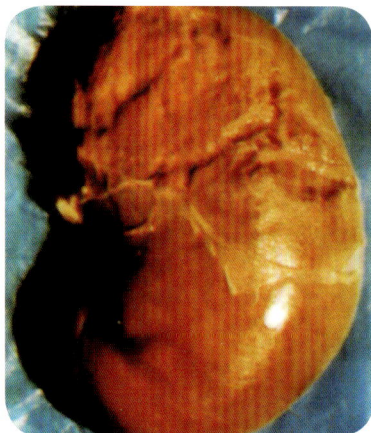

图 1-16-1　肾实质软化

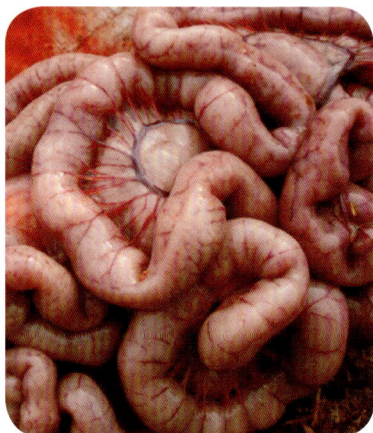

图 1-16-2　肠充血、出血

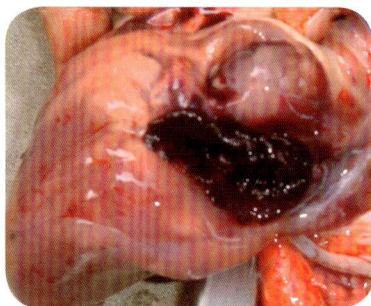

图 1-16-3　心外膜有出血点

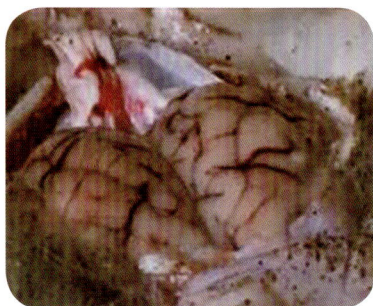

图 1-16-4　脑膜出血

【鉴别诊断】

炭疽：可致各种年龄羊发病，临床诊断有明显的体温反应，黏膜呈蓝紫色，死后尸僵不全，天然孔流血，脾脏高度肿大。细菌学检查可发现有荚膜的炭疽杆菌。

巴氏杆菌病：病程多在 1 天以上，临床表现体温升高、皮下组织出血性胶样浸润，后期呈现肺炎症状。病料涂片可见革兰氏阴性、两极浓染的巴氏杆菌。

大肠杆菌病：多发于 6 周龄以内的小羊；肾脏表面多青紫色，但不软化；各脏器内可培养出大肠杆菌。

【治　疗】　本病病程短促，往往来不及治疗。病程稍拖长者，可选用青霉素肌内注射，一次 80 万~160 万单位，每天 2 次；或内服磺胺嘧啶，一次 5~6 克，连服 3~4 次；或将 10% 安钠咖 10 毫升加于 500~1 000 毫升 5% 葡萄糖溶液中静脉滴注；也可内服 10%~20% 石灰乳，一次 50~100 毫升，连服 1~2 次。

【预　防】　秋季避免吃过量结籽饲草；发病时迁圈至高燥地区。常发区定期注射羊厌气菌病三联苗或五联苗，大小羊一律皮下或肌内注射 5 毫升。

十七、羊　黑　疫

羊黑疫又称传染坏死性肝炎，是羊的一种急性高度致死性毒血症。绵羊、山羊均可发生。本病以肝实质发生坏死性病灶为特征。

【病　原】　本病的病原是 B 型诺维氏梭菌，是革兰染色阳性、两端钝圆的粗大杆菌。病菌严格厌氧，可形成芽孢，不产生荚膜，具有周身鞭毛，能运动。病菌产生的外毒素通常分为 A、B、C 3 型。

【流行特点】　本病主要在春、夏季发生于肝片吸虫流行的低洼潮湿地区。主要侵害 2~4 岁以上的成年绵羊，山羊也可感染此病。疾病的发生和流行与肝片吸虫的感染有密切关系。

【临床症状】 本病的临床症状与羊肠毒血症、羊快疫极其相似。发病急，常突然死亡。少数病例病程可拖延至 1~2 天。病羊表现掉群，不食，体温升高，呼吸困难，呈昏睡、俯卧，无痛苦地突然死亡。

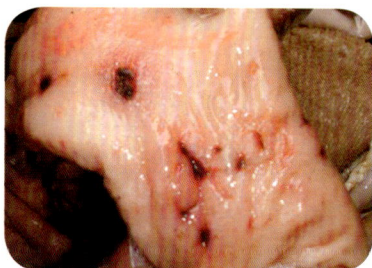

【病理变化】 皮下静脉显著淤血，使羊皮呈暗黑色外观。皱胃和小肠充血、出血（图 1-17-1、图 1-17-2）。肝脏表面和深层有大小不等的灰黄色坏死灶（图 1-17-3）。

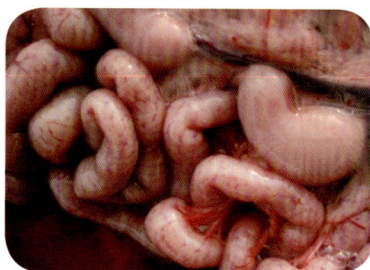

图 1-17-1 皱胃充血、出血

图 1-17-2 小肠充血、出血

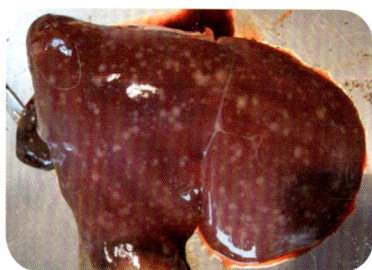

图 1-17-3 肝脏表面大小不等坏死灶

【诊　断】 根据临诊床诊治、羊皮呈暗黑色外观等病理变化可以做出初步诊断。做实验室检查，采集肝脏坏死灶边缘的组织制成涂片，染色镜检，可见粗大而两端钝圆的诺维梭菌。

【预　防】 控制肝片吸虫的感染，定期注射羊厌气菌氢氧化铝甲醛五联苗，皮下或肌内注射 5 毫升。发病时，迁圈至高燥处，也可用抗诺维梭菌血清早期预防，皮下或肌内注射10～15毫升，必要时重复1次。

【治 疗】

（1）病程缓慢的病羊，可用青霉素80万~160万单位，肌内注射，每天2次。

（2）抗诺维梭菌血清50～80毫升，肌内、皮下或静脉注射，连用1～2次。

十八、口 蹄 疫

口蹄疫是由口蹄疫病毒引起的偶蹄类动物共患的急性、热性、高度接触性传染病。临床特征是患病动物口腔黏膜、蹄部和乳房发生水疱和溃疡，在民间俗称"口疮""蹄癀"。

【病 原】 口蹄疫病毒具有较强的环境适应性，耐低温，不怕干燥。病毒对酚类、酒精、氯仿等不敏感，但对日光、高温、酸碱的敏感性很强。常用的消毒剂有1%～2%氢氧化钠、30%草木灰、1%～2%甲醛、0.2%～0.5%过氧乙酸、4%碳酸氢钠溶液等。

【流行特点】 病畜和带毒动物是本病的主要传染源，痊愈家畜可带毒4～12个月。病毒在带毒畜体内可产生抗原变异，产生新的亚型。本病主要靠直接和间接接触性传播，消化道和呼吸道传染是主要传播途径，也可通过眼结膜、鼻黏膜、乳头及伤口感染。空气传播对本病的快速大面积流行起着十分重要的作用，常可随风散播到50～100千米外发病，故有顺风传播之说。

【临床症状】 羊感染口蹄疫病毒后一般经过1～7天的潜

伏期出现症状。病羊体温升高，初期体温可达 40～41℃，精神沉郁，食欲减退或拒食，脉搏和呼吸加快。口腔、蹄、乳房等部位出现水疱、溃疡和糜烂（图 1-18-1、图 1-18-2、图 1-18-3）。严重病例可在咽喉、气管、前胃等黏膜上发生圆形烂斑和溃疡，上盖黑棕色痂块。绵羊蹄部症状明显，口腔黏膜变化较轻。山羊症状多见于口腔，呈弥漫性口黏膜炎，病羊口流泡沫，挂满嘴角（图 1-18-4）。水疱见于硬腭和舌面，蹄部病变较轻。病羊水疱破溃后，体温即明显下降，症状逐渐好转。母羊常流产，乳用山羊有时可见乳头上有病变，奶量减少。哺乳羔羊特别容易得病，多发生出血性胃肠炎。也可能发生恶性口蹄疫，由于急性心脏麻痹而死亡，死亡率可

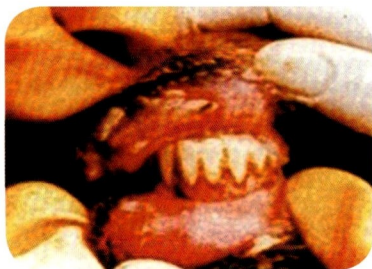

图 1-18-1　口腔黏膜水疱和溃烂

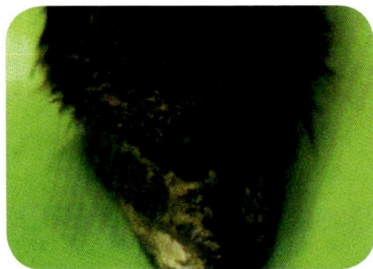

图 1-18-2　蹄冠部皮肤溃烂、坏死

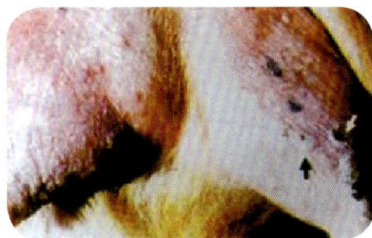

图 1-18-3　乳房水疱和溃烂

图 1-18-4　病羊口流泡沫，挂满嘴角

达 20% ~ 50%。

【病理变化】　除口腔、蹄部的水疱和烂斑外，病羊消化道黏膜有出血性炎症，心肌色泽较淡，质地松软，心外膜与心内膜有弥散性及斑点状出血，心肌切面有灰白色或淡黄色、针尖大小的斑点或条纹，如虎斑，称为"虎斑心"，以心内膜的病变最为显著。

【诊　断】　根据本病流行病学及临床症状，不难做出诊断，必要时可采取病羊水疱皮或水疱液、血清等送实验室进行确诊。

【预　防】

（1）无病地区严禁从有病国家或地区引进动物及动物产品、饲料、生物制品等。来自无病地区的动物及其产品也应进行检疫。检出阳性动物时，全群动物销毁处理，运载工具、动物废料等污染物应就地消毒。

（2）无口蹄疫地区，一旦发生疫情，应采取果断措施，对被污染的环境严格消毒。

（3）口蹄疫流行区，坚持免疫接种。用当地流行毒株同型的口蹄疫弱毒疫苗或灭活疫苗接种动物。由于羊、羊的弱毒疫苗对猪可能致病，安全性差，故目前已改用口蹄疫灭活疫苗。

（4）当动物群发生口蹄疫时，应立即上报疫情，确定诊断，划定疫点、疫区和受威胁区，实施隔离封锁措施，对疫区和受威胁区的未发病动物进行紧急免疫接种。

【治　疗】　羊发生口蹄疫后，一般经 10 ~ 14 天可望自愈。为促进病畜早日康复，缩短病程，特别是防止感染和死亡，在严格隔离条件下，及时对病羊进行治疗。对病羊首先要加强护

理，例如，圈棚要干燥，通风要良好，供给柔软饲料（如青草、面汤、米汤等）和清洁饮水，经常消毒圈棚。在加强护理的同时，根据患病部位不同，给予不同治疗。

（1）口腔患病：用 0.1%~0.2% 高锰酸钾、0.2% 甲醛、2%~3% 明矾或 2%~3% 醋酸（或食醋）洗涤口腔，然后给溃烂面上涂抹碘甘油或 1%~3% 硫酸铜，也可撒布冰硼散。

（2）蹄部患病：用 3% 来苏尔溶液、1% 甲醛或 3%~5% 硫酸铜蹄浴。也可以用消毒软膏（如 1：1 木焦油凡士林）或 10% 碘酊涂抹，然后用绷带包裹起来。蹄浴时间不要太长，因潮湿能够妨碍痊愈。

（3）乳房患病：应小心挤奶，用 2%~3% 硼酸水洗涤乳头，然后涂以消毒药膏。

（4）恶性口蹄疫：对于病羊应特别注意心脏功能的维护，及时应用强心剂和葡萄糖注射液。为了预防和治疗继发性感染，也可以肌内注射青霉素。结晶樟脑，口服，每次 1 克，每天 2 次，效果良好，而且有防止发展为恶性口蹄疫的作用。

十九、羊传染性脓疱

羊传染性脓疱又称羊口疮，是由传染性脓疱病毒引起的主要威胁绵羊和山羊的接触性传染性脓疱性皮炎。其特征是口唇等处皮肤和黏膜形成丘疹、脓疱、溃疡，并最后结成疣状厚痂，羔羊最为敏感，并可能死亡。

【病　原】　传染性脓疱病毒对外界环境的抵抗力较强。干痂在夏季阳光下暴露 30~60 天才丧失传染性，散落于地面经秋、冬、春三季仍有传染性；干燥的病料在低温冷冻条件下可存活数年之久，在室温中可存活 5 年。病毒对热敏感，但必须达到一定的温度，如 60℃ 30 分钟和 64℃ 2 分钟可灭活，而 55℃ 下 20 ~ 30 分钟却不能杀死病毒。对乙醚有抵抗力，而对氯仿敏感。常用的消毒药有 2% 氢氧化钠溶液、10% 石灰乳、20% 热草木灰。

【流行特点】 在本病疫区，几乎每年产羔后期都会发病，可呈流行性发生，也可散在发生。主要因接触感染动物而传染，常由于购进病羊或带毒羊将病带入健康羊群。羊圈平时消毒不严，也是导致本病流行的一个主要原因。一年中任何时间都可发病，但放牧季节多发。干燥季节由于饲草干硬，皮肤容易擦伤而感染，痂皮有长期传染性。康复动物在 2 ~ 3 年内有坚强免疫力，但不经初乳传给小羊。已发生的羊群中可连续多年发生。

【临床症状】 潜伏期 3 ~ 8 天。病变常开始于唇的结合部并沿着唇缘扩散至鼻镜部，有时起初病变发生于眼周面部，严重病例的病变可发生于齿龈、齿垫、腭和舌。常先在口角、上唇和鼻镜上出现散在的小红斑点，并迅速变为结节（图 1-19-1），继而发展成水疱和脓疱。脓疱破裂后形成黄色或棕色的疣状硬痂。良性经过时，硬痂增厚、干燥，并于 1 ~ 2 周内脱落而恢复正常。严重病例的患部继续发生丘疹、水疱和脓疱，痂皮互相融合，波及整个口唇

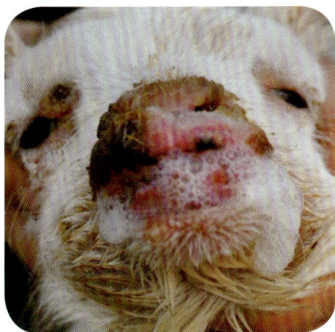

图 1-19-1　唇部增生性结节病变

周围及眼面和眼睑，形成大片具有龟裂并易出血的污秽痂垢，呈桑葚状，痂下肉芽增生。严重影响病羊采食，以致日渐消瘦，并可能死亡。病程可长达 2 ~ 3 周以上。口腔黏膜也常出现水疱、脓疱和烂斑，恶化时甚至可能形成大面积溃疡（图1-19-2）。

四肢病变，不如唇部常见，几乎仅见于绵羊，常单独发生，很少和唇型同发，发病部位在蹄冠、趾间或系部皮肤，先出现水疱，再成脓疱而破溃。

乳房病变发生于乳头和乳房附近的皮肤（图1-19-3），病变也可发生在其他毛稀处。

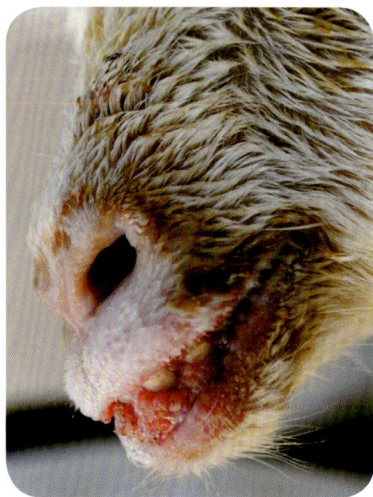

图 1-19-2　山羊水疱、脓疱和烂斑　　　图 1-19-3　乳房脓疱和硬痂

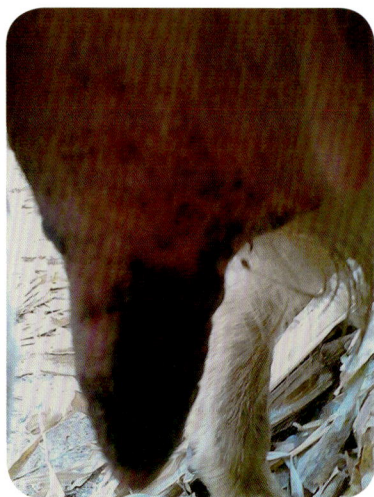

【病理变化】　病变的发展经过典型的痘期，但更趋增生性。水疱期是暂时的，脓疱呈扁平状而非脐状，脓疱大体病变

的最重要特征是具有棕灰色厚痂，可高出皮肤 2~4 毫米。根据继发感染程度，约在第 4 周完全消退，有时由于上皮不断增生而形成乳头状瘤样生长物。

【诊　断】　根据临床症状，结合流行病学和动物接种试验可以做出诊断。

【治　疗】　以 0.5% 高锰酸钾溶液或食醋清洗创面，每天2 次，每次洗净后的创面，以加减青黛散粉末撒布，此方对大羊效果显著。用硫酸铜 5% 溶液浸泡蹄部，1 天 2 次，连续使用 1 周。每千克体重每次灌服维生素 C 0.60 克、维生素 B_2 0.60克，连用 4~7 天为一个疗程。病羔接触过的母羊乳房，用 1%高锰酸钾认真消毒，防止其他羔羊吮吸。

【预　防】

（1）定期用氢氧化钠等消毒药对羊群、羊舍及放牧过的草地进行彻底消毒，防止病毒传给其他羊群。

（2）严禁从疫区购买或引进羊。当从外地集市或别的羊场调羊时，要将新调入羊群隔离、单独饲养观察 3 周，其间要进行多次检疫、消毒，确认无病后再与自养羊群合群。

（3）防止创伤，去除诱因。不在带刺的草地和坚硬的山地放牧。

二十、羊　痘

羊痘是羊的一种急性、热性、接触性传染病。本病以无毛或少毛的皮肤和黏膜上生痘疹为特征。典型病例初期为痘疹，最后干结脱落而痊愈。

【病　原】　病原为羊痘病毒，有山羊痘和绵羊痘 2 种，它

们之间一般不会形成交叉感染。绵羊痘是由绵羊痘病毒引发，是多种家畜痘病中危害最严重的一种热性接触性传染病，具有典型病理过程，以在无毛或少毛的皮肤和黏膜上发生特征性痘疹。山羊痘的病原为山羊痘病毒。本病较少见，其临床症状和病理变化与绵羊痘相似，但症状较轻。羊痘病毒对热、直射阳光、碱和大多数常用消毒药（酒精、碘酊、红汞、甲醛、来苏尔、苯酚等）均较敏感。病毒耐干燥，在干燥的痂皮内能存活数年，在干燥羊舍内可存活 8 个月。

【流行特点】 本病主要通过呼吸道及含毒的飞沫和尘土传染，也可通过损伤的皮肤及消化道传染。被病羊污染的用具、饲料、垫草，病羊的粪便、分泌物、皮毛和外寄生虫都可成为传播媒介。本病多发生于春秋两季，常呈地方性流行或广泛流行。

【临床症状】 病初体温升高至 41 ~ 42℃，精神不振，食欲减退，拱腰发抖，流泪，咳嗽，鼻孔有黏性分泌物。2 ~ 3 天后在羊的嘴唇、鼻端（图 1-20-1）、眼睛周围（图 1-20-2）、乳房、肛门周围（图 1-20-3）及四肢内侧等处的皮肤上发生红疹，继而体温下降，红疹渐肿突出，形成丘疹。数日后丘疹内有浆液性渗出物，中心凹陷，形成水疱，再经 3 ~ 4 天水疱化脓形成脓疱，以后脓疱干燥结痂，再经 4 ~ 6 天痂皮脱落遗留红色疤痕。本病多继发肺炎（图 1-20-4）或化脓性乳房炎，怀孕后期的母羊多流产。有的病例不呈现上述典型经过，仅出现体温升高或出少量痘疹，或痘疹呈结节状，在几天内干燥脱落，不形成水疱和脓瘤。有的病例见痘内出血，呈黑色痘。有的病例痘疤发生化脓或坏疽，形成较深的溃疡，发出恶臭，致死率很高。其病变在前胃或皱胃的黏膜上往往有大小不等的圆形或半圆形坚实的结节，单个或融合存在。有的引起前胃黏膜糜烂或溃疡，咽和支气管黏膜也常有痘疹，肺有干酪样结节和卡他性肺炎区，淋巴结肿大。

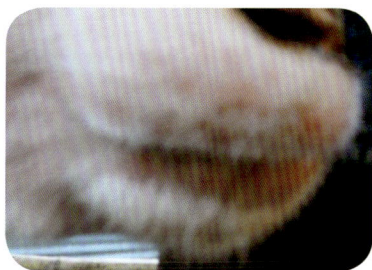

图 1-20-1　嘴唇、鼻端红疹

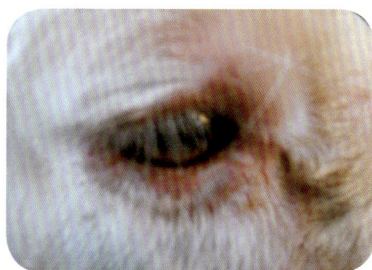

图 1-20-2　眼睛周围红疹

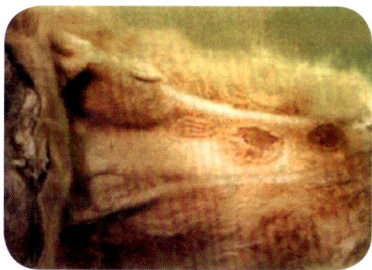

图 1-20-3　肛门周围、尾根部皮肤痘疹

图 1-20-4　肺脏表面痘疹结节

【诊　断】　根据临床症状结合病理变化可做出诊断。

【预　防】　每年春季不论羊大小，一律在股内侧或尾下皮内注射稀释好的山羊痘疫苗 0.5 毫升，免疫期 1 年，羔羊应在 7 月龄时再注射 1 次。

【治　疗】　对羊痘的治疗目前无特效药，主要是做好预防

和对症治疗。在痘疹上或溃烂处涂碘甘油、紫药水等，结节可用针挑烂涂以碘酊。体温升高时为防继发乳房炎等，可肌内注射青霉素、链霉素等。用量为每次青霉素 160 万~240 万单位、链霉素 100 万~200 万单位，每天 2 次，羔羊酌减。病愈后的羊可产生终身免疫。

二十一、羊支原体性肺炎

羊支原体性肺炎又称羊传染性胸膜肺炎，是由支原体引起的羊的一种高接触性传染病。本病以发热、咳嗽、浆液性和纤维蛋白性肺炎以及胸膜炎为特征。

【病　原】 引起山羊支原体性肺炎的病原体为丝状支原体山羊亚种。丝状支原体山羊亚种对理化因素抵抗力弱，对红霉素高度敏感，四环素对其也有较强的抑制作用，但对青霉素、链霉素不敏感；而绵羊肺炎支原体则对红霉素不敏感。

【流行特点】 自然条件下，丝状支原体山羊亚种只感染山羊，以 3 岁以下的羊发病为主；而绵羊肺炎支原体则可感染山羊和绵羊。病羊为主要传染源，病肺组织以及胸腔渗出液中含有大量病原体，主要经呼吸道分泌物排菌。耐过羊在相当长的时期内也可成为传染源。本病常呈地方性流行，主要通过空气、飞沫经呼吸道传播，接触传染性强。阴雨连绵，寒冷潮湿，营养缺乏，羊群密集、拥挤等不良因素易诱发本病。

【临床症状】 潜伏期平均 18~20 天。病初体温升高，精神沉郁，食欲减退，随即咳嗽，流浆液性鼻涕，4~5 天后咳嗽加重，干咳而痛苦，浆液性鼻涕变为黏脓性，常粘于鼻孔、上唇，呈铁锈色。病羊多在一侧出现胸膜肺炎变化，肺部叩诊有实音区，听诊呈支气管呼吸音或摩擦音，触压胸壁，羊表现敏感、疼痛。病羊呼吸困难，高热稽留，眼睑肿胀，流泪或有黏液、脓性分泌物，腰背起伏呈痛苦状。妊娠母羊可发生流产，部分羊肚胀腹泻，有些病例口腔溃烂，唇部、乳房等部位皮肤发疹。病羊在濒死前体温降至常温以下，病期多为7~15天。

【病理变化】 病变多局限于胸部。胸腔常有淡黄色积液，暴露于空气中后其中的纤维蛋白易于凝固。病理损害多发生于一侧，常呈纤维素性肺炎，间或为两侧性肺炎（图1-21-1）；肺实质硬变，切面呈大理石样变化（图1-21-2）；肺小叶间质变宽，界线明显；血管内常有血栓形成。胸膜增厚而粗糙，常与胸膜、心包膜发生粘连。支气管淋巴结、纵隔淋巴结肿大（图1-21-3），切面多汁并有出血点。心包积液，心肌松弛、变软。肝脏、脾脏肿大，胆囊肿胀。肾脏肿大，被膜下可有小点状出血。病程久者，肺硬变区机化，结缔组织增生，甚至有包囊化的坏死灶。

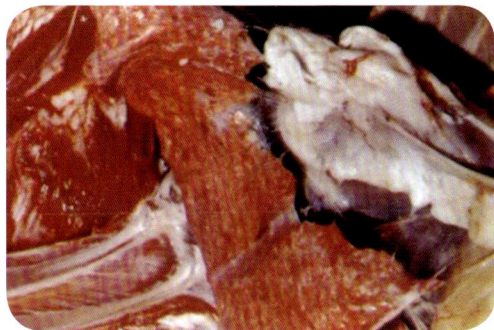

图1-21-1 胸腔内纤维素性渗出物

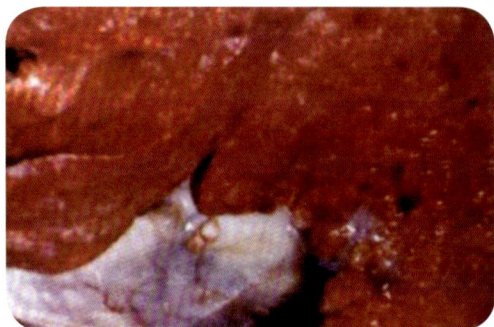

图 1-21-2　肺实质切面呈大理石样

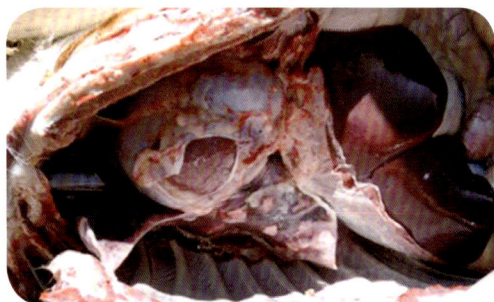

图 1-21-3　支气管淋巴结、纵隔淋巴结肿大

【防　治】

（1）坚持自繁自养，勿从疫区引进羊只；加强饲养管理，增强羊的体质；对从外地引进的羊严格隔离，检疫无病后方可混群饲养。

（2）本病流行区坚持免疫接种。山羊传染性胸膜肺炎氢氧化铝灭活疫苗，半岁以下羊皮下或肌肉注射 3 毫升，半岁以上羊接种 5 毫升；如当地羊群疾病由绵羊肺炎支原体所引起，可使用新近研制成的绵羊肺炎支原体灭活疫苗。

（3）羊群发病，及时进行封锁、隔离和治疗。对污染的场地、厩舍、饲养用具以及粪便、病死羊的尸体等进行彻底消毒或无害处理。

（4）治疗可选用土霉素，每天每千克体重 20～50 毫克，分 2～3 次服完，3～5 天为一疗程。也可使用磺胺类药物如复方新诺明等进行治疗。

二十二、痒　病

痒病又称"驴跑病""摩擦病""瘙痒病"、慢性传染性脑炎，是成年绵羊和山羊中枢神经受害的一种慢性进行性传染病。本病的潜伏期 1～4 年，临床上以瘙痒、秃毛、共济失调、麻痹、虚弱为特征，病理上以神经细胞空泡变为特征，病羊常以死亡告终。欧洲、美洲均有痒病发生，我国曾在 1983 年从英国进口的边区莱斯特种羊群中发现本病，经采取根除措施，及时扑灭了疫情。

【病　原】　痒病因子是一种亚病毒，性能与其他朊病毒相似，但对一般理化因素敏感。痒病因子为病羊脑组织中的一种特异纤维，被命名为朊病毒蛋白质。抵抗力极强，能抵抗常规的消毒药剂和射线，常用的消毒方法有 5% 次氯酸钠溶液、3% 十二烷基磺酸钠溶液或 5%～10% 氢氧化钠溶液浸泡消毒，134～138℃高压蒸汽处理 18 分钟以上消毒，而焚烧是最好的杀灭方法。

【流行特点】　不同品种、性别的羊均可发生痒病，主要是 2～5 岁绵羊，易感性存在着明显品种间差异。不同毒株的致病性不尽相同，引起的神经系统病变、空泡化程度与分布均不同。通常呈散发性流行，感染羊群内只有少数羊发病，传播缓慢。羊群一旦感染痒病，很难根除。病羊和带毒羊是本病的传染源。目前认为主要是接触性传染，已经证明可以通过先天性传染，由公羊或母羊传给后代。

本病虽然发病率低（10%左右），但病畜可能全部死亡。人可以因接触病羊或食用带感染痒病因子的肉品而感染本病。痒病无季节性，一年四季均可发病。

【临床症状】 潜伏期1~4年。症状主要为瘙痒和共济失调。病程为6~8个月，甚至更长。病初羊食欲良好，体温正常，易受惊吓、不安或疑视、磨牙，有时表现癫痫状，有些表现有攻击性或离群呆立，头高举，高抬腿行走，头、颈、腹发生震颤。

图 1-22-1　病羊在树干上摩擦身体

最特殊的症状是瘙痒，病羊在硬物体上摩擦身体（图 1-22-1），并用后蹄挠痒。用手抓其背部，表现摇尾和唇部颤动。由于病羊不断地摩擦、踢挠和啃咬（图 1-22-2），引起腹部及后躯的大面积脱毛（图 1-22-3），造成羊毛大量损失。有时还会出现大小便失禁。

随着瘙痒的加剧，进食和反刍受到破坏。随着神经症状的加重，行动逐渐不协调，当走动时，病羊四肢高抬，步伐很快，表现为共济失调。日渐消瘦，最后不能站立，几乎 100% 死亡。

图 1-22-2　病羊卧地不起，啃咬发痒的皮肤

图 1-22-3　腹部及后躯大面积脱毛

【诊　断】　根据临床症状（显著特点是瘙痒、不安和运动失调，但体温不升高），结合是否由疫区引进种羊或父母有痒病史可做出初步诊断。

组织病理检查和实验室检查：本病理变化与其他朊病毒

病相同，脑髓及脊髓神经元的细胞质发生变性和空泡化。实验室检查主要是测定病羊血清中的抗痒病因子蛋白抗体，常用ELISA 和免疫印迹法。也可以用酶标抗体对患羊脑组织进行免疫组化法诊断。

【预　防】　预防本病的主要措施是灭蜱，在蜱活动季节，定期对易感动物进行药浴或喷雾杀虫；对痒病、隐性感染羊采取扑杀后焚化。在疫区可以用鸡胚化弱毒疫苗进行接种。

禁止从痒病疫区引进羊、羊肉、羊的精液和胚胎等。禁止用病死羊加工蛋白质饲料，禁止用反刍动物蛋白饲喂羊。

加强对市场和屠宰场肉类的检验，检出的病羊肉必须销毁，不得食用。受感染羊及其后代坚决扑杀。定期消毒。常用的消毒方法有：焚烧、5%~10%氢氧化钠溶液作用1小时、5%次氯酸钠溶液作用2小时、浸入3%十二烷基磺酸钠溶液煮沸10分钟。

本病目前尚无特效疗法。

二十三、羔羊痢疾

羔羊痢疾是初生羔羊的一种急性毒血症，以剧烈腹泻和小肠发生溃疡为其特征。本病常可使羔羊发生大批死亡，给养羊业带来重大损失。

【病　原】　本病病原为 B 型魏氏梭菌。在羔羊出生后数日内，魏氏梭菌可以通过吃奶、饲养员的手和羊的粪便而进入羔羊消化道。在外界不良诱因如母羊妊娠期营养不良，羔羊体质瘦弱；气候寒冷，羔羊受冻；哺乳不当，羔羊饥饱不均，抵抗力减弱时，病菌大量繁殖，产生毒素。

【流行特点】　本病主要危害 7 日龄以内的羔羊，其中又以 2～3 日龄的发病最多，7 日龄以上的很少患病。传染途径主要是通过消化道，也可能通过脐带或创伤。

【临床症状】　潜伏期为 1～2 天，病初精神委顿，低头拱背，不想吃奶，不久就发生腹泻，粪便恶臭，有的稠如面糊，有的稀薄如水。到了后期，有的还含有血液，直到成为血便。病羔逐渐虚弱，卧地不起。若不及时治疗，常在 1～2 天内死亡。

羔羊以神经症状为主者，四肢瘫软，卧地不起，呼吸急促，口流白沫，最后昏迷，头向后仰，体温降至常温以下，常在数小时到十几小时内死亡（图 1-23-1）。

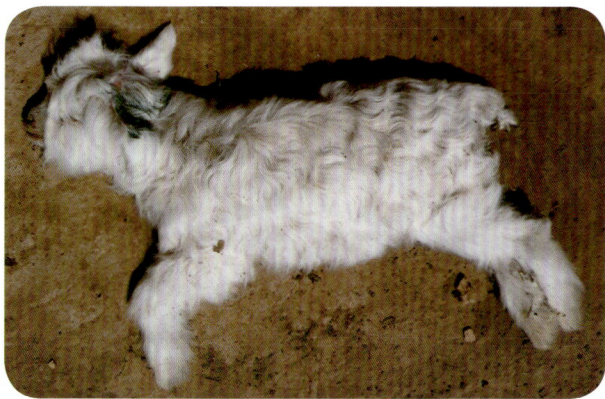

图 1-23-1　羔羊头向后仰死亡

【病理变化】　尸体严重脱水，尾、臀部和后肢有稀粪污染，皱胃内有乳凝块。小肠变化显著，肠黏膜有程度不同、范围不等的发炎，有时已开始溃烂。若病期稍长，溃烂更为明显，由肠壁外面即可透视到溃烂区域（图 1-23-2）。剪开肠道后，可见有直径 1～2 毫米的溃疡及坏死性病灶，溃疡灶周围为一血色带环绕。肠系膜淋巴结肿胀、充血或出血。心包积液、心内膜有出血点。急性者，肠内容物混有血液。肺常有充血区域或瘀斑。

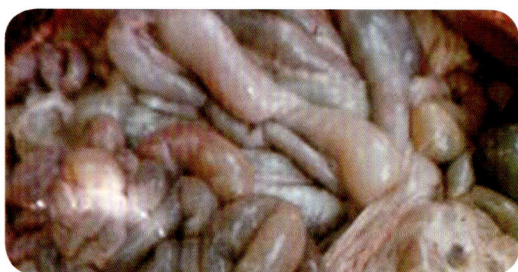

图 1-23-2　肠壁稀薄，肠黏膜发炎

【诊　断】　在常发地区，依据流行病学、临床症状和病理变化一般可以做出初步诊断。为了确定病原及其毒素，应从新鲜尸体采取小肠内容物、肠系膜淋巴结和肝脏、心血等，进行细菌和毒素检验。

【预　防】　加强妊娠羊饲养，适时抓膘保膘，使胎羔发育良好，出生健壮。注意产羔期的卫生消毒和护理。在产羔季节前彻底清扫和消毒羊舍及产栏，接羔时特别注意消毒，对新生羔羊加强保温，保证吃足初乳。羔羊出生后 4 小时之内皮下注射魏氏梭菌 B 型高免血清 4～5 毫升，具有一定效果。每年秋季注射羔羊痢疾苗或厌气菌七联干粉苗，产前 2～3 周再接种 1 次。羔羊出生后 12 小时内，灌服土霉素 0.15～0.2 克，每天 1 次，连续灌服 3 天，有一定的预防效果。

【治　疗】　治疗羔痢的方法很多，各地应用效果不一，应根据当地条件和实际效果选用。

（1）土霉素 0.2~0.3 克，或再加胃蛋白酶 0.2~0.3 克，加水灌服，每天 2 次。

（2）磺胺脒 0.5 克，鞣酸蛋白 0.2 克，碱式硝酸铋 0.2 克，碳酸氢钠 0.2 克，加水灌服，每天 3 次。

（3）先灌服含 0.5% 甲醛的 6% 硫酸镁溶液 30~60 毫升，6~8 小时后再灌服 1% 高锰酸钾溶液 10~20 毫升，每天 2 次。

在选用上述药物的同时，还应针对其他症状进行对症治疗。也可使用中药治疗。

二十四、小反刍兽疫

小反刍兽疫俗称羊瘟，是由小反刍兽疫病毒引起的一种急性传染病，以发热、口炎、腹泻、肺炎为特征。

【病　原】　小反刍兽疫病毒在自然环境下抵抗力较低，50℃ 60 分钟即可灭活，但在冷藏和冷冻组织中能存活较长时间。醇、醚和清洁剂可以杀灭病毒。苯酚和 2% 氢氧化钠都是有效的消毒剂。

【流行特点】　山羊、绵羊均可感染，山羊较为易感，临床症状也较为严重。传染源多为患病动物及其分泌物、排泄物以及被污染的草料、用具和饮水等。本病主要通过直接或间接接触传播，感染途径以呼吸道为主，饮水也可以导致感染。

【临床症状】　潜伏期 4~6 天。急性型体温可上升至 41℃，并持续 3~5 天。感染羊烦躁不安，背毛无光，口鼻干燥，食欲减退。在发热的前 4 天，口腔黏膜充血（图 1-24-1），流涎。后期出现带血水样腹泻（图 1-24-2），严重脱水，消瘦，随之

体温下降。出现咳嗽、呼吸异常。幼年羊发病率和死亡率都很高，为我国划定的一类传染病。

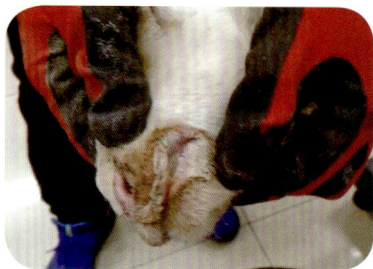

图 1-24-1　口腔黏膜充血

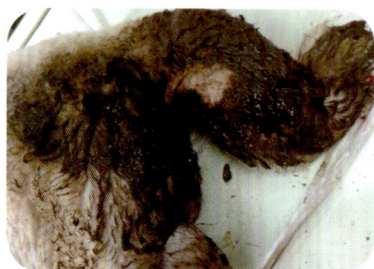

图 1-24-2　病羊腹泻

【病理变化】　可见结膜炎、坏死性口炎。皱胃常常出现有规则、有轮廓的糜烂，黏膜出血（图 1-24-3）。肠管可见糜烂或特征性出血，斑马条纹常见于大肠，特别在结肠直肠结合处（图 1-24-4）。淋巴结肿大，脾有坏死性病变。在鼻、气管等处有出血斑（图 1-24-5），可见典型的支气管肺炎病变（图 1-24-6）。

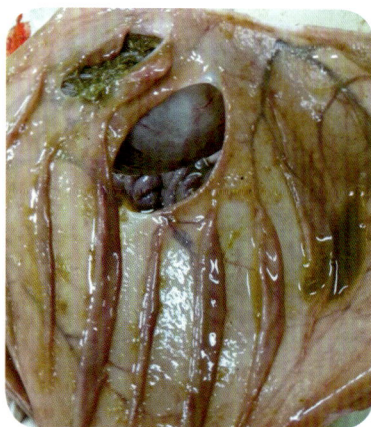

图 1-24-3　皱胃黏膜出血

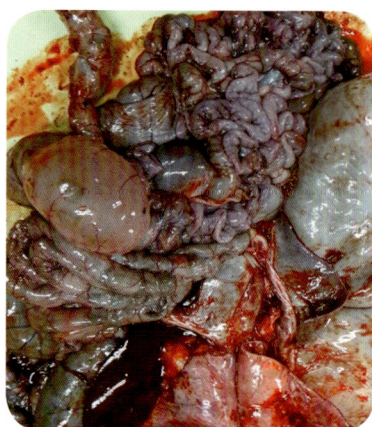

图 1-24-4　肠管糜烂出血

图 1-24-5　气管出血

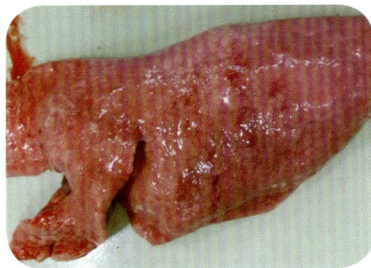

图 1-24-6　支气管肺炎

【诊　断】

根据流行特点和临床症状，可以做出初步诊断，确诊尚需实验室诊断。

【预　防】

（1）加强免疫工作。免疫时应注意羊群的健康状况，新购进羊群必须隔离观察，确保羊群健康时方可免疫。接种疫苗，按瓶签说明，用灭菌生理盐水稀释为每毫升含 1 头份，每只羊颈部皮下注射 1 毫升。

（2）加强饲养管理。外来人员和车辆进场前应彻底消毒，严禁从疫区引进羊，对外来羊，尤其是来源于活羊交易市场的羊调入后必须隔离观察 21 天以上，经检查确认健康无病，方可混群饲养。

（3）强化疫情巡查。注意观察羊群健康状况，发现疑似病羊，应立即隔离疑似患病羊，限制其移动，并及时向当地兽医部门报告，对病死羊严格实行无害化处理，禁止出售、加工病死羊。

【治　疗】

（1）黄芪多糖 100 克，银黄可溶性粉 100 克，供 100 只羊

1天集中饮水，连用7~10天。

（2）重者肌内注射阿奇霉素或阿米卡星2支，加地塞米松和利巴韦林。1天2次，连用3~5天。3天后可以看到效果，5天治愈。

（3）使用板蓝根颗粒抗病毒，全群饮水或拌料。3~5天一个疗程，10天后再使用一个疗程。200克兑水250~500千克饮服，或每只羊2~3克口服。

二十五、破 伤 风

破伤风又名锁口风、耳直风，是由破伤风梭菌经伤口感染引起的一种急性传染病。其特征为全身或部分肌肉发生痉挛性收缩，肌肉僵硬，出现躯干强直症状。

【病　原】　破伤风梭菌又称强直梭菌，为细长的杆菌，形成芽孢。本菌为厌氧菌，一般消毒药如10%碘酊、10%漂白粉液及30%过氧化氢均能在短时间内杀死。但其芽孢具有很大的抵抗力，煮沸80~90分钟才能杀死，在土壤表层能存活数年。

【流行特点】　本病主要是破伤风梭菌经伤口侵入身体引起，如脐带伤、去势伤、断尾伤、去角伤及其他外伤等。母羊多发生于产死胎和胎衣不下的情况下，由于难产助产中消毒不严格，以致在阴唇结有厚痂的情况下发生本病。也可以经胃肠黏膜的损伤感染。病菌侵入伤口以后，在局部大量繁殖，并产生毒素，危害神经系统。由于病菌为专性厌氧菌，故被土壤、粪便或腐败组织所封闭的伤口最容易感染和发病。

【临床症状】　潜伏期5~20天。病羊四肢僵硬，头向后仰，初发病时仅步行稍不自然，不易引起饲养员的特别注意。病势发展时，则双耳直硬，牙关紧闭（图1-25-1），颈部及背部强硬，头偏于一侧或向后弯曲（图1-25-2）。严重时，体温增高，脉搏细而快，心脏跳动剧烈。病的后期，常因急性胃肠炎而发生腹泻。死亡率很高。

图1-25-1 病羊全身强直　　图1-25-2 颈部及背部强直，头向后弯曲

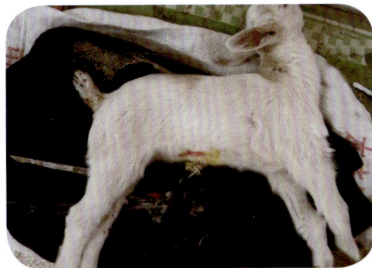

【诊　断】　根据典型的临床症状即可做出初步判断。确诊需要从创伤感染部位取病料进行细菌的分离和鉴定，结合动物实验进行诊断。

【预　防】

（1）防止外伤发生。

（2）用破伤风类毒素免疫注射，绵羊及山羊均皮下注射0.5毫升，在发生创伤和手术有感染危险时，再注射1次。

（3）发生外伤时，应及时处理。创伤较大且较深，或在做手术尤其是阉割术时，肌内注射抗破伤风血清1万~3万单位。

【治　疗】　以中和毒素、解痉、消除病原为主，辅以对症治疗。

（1）中和毒素：静脉注射抗破伤风血清，羔羊用量 10
万~20 万单位，成年羊用量为 20 万~40 万单位，全量血清分
3 天注射，也可一次治疗用足全量。同时应用 40% 乌洛托品，
羔羊 15 毫升，成年羊 25 毫升，静脉注射，每天 1 次，连用 7~
10 天。

（2）解痉：每只羊用 25% 硫酸镁溶液 20 毫升，静脉或肌
内注射。

（3）消除病原：先使用抗毒素，而后处理感染创口。充分
除去创伤内的脓汁、异物、坏死组织及痂皮等，创伤深、创口
小的需扩创，用 3% 过氧化氢溶液或 2% 高锰酸钾溶液清洗，
再用 5%~10% 碘酊涂擦，创口内撒布碘仿磺胺粉（碘仿 1 份，
氨苯磺胺 9 份）。除了局部治疗外，全身用青霉素 200 万单位
肌内注射，每天上、下午各注射 1 次，连续 1 周。

二十六、羊附红细胞体病

羊附红细胞体病是由羊附红细胞体寄生于羊的红细胞表
面、血浆及骨髓中引起的一种传染病，主要引起贫血、生长缓
慢、母羊生殖障碍。

【病　原】 附红细胞体
属于立克次氏体属。这种多
形性微生物呈球形、杆形、
环形、三角形及哑铃形，栖
息在红细胞表面和血浆中
（图 1-26-1），呈星芒状。

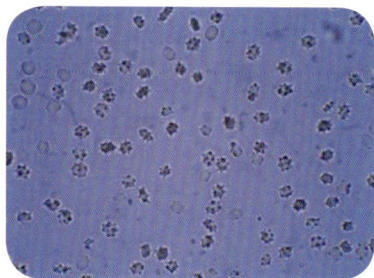

图 1-26-1　附红细胞体附着于红细
胞表面

【流行特点】 绵羊附红

细胞体致病力低，通常在营养不良、微量元素缺乏、蠕虫病和亚急性中毒及虚弱的绵羊，以及网状内皮系统功能不全（如行脾脏摘除术）的绵羊中，才能引起临诊症状。本病可通过昆虫叮咬传播。

【临床症状】 潜伏期4~21天，病羊虚弱、贫血，病羔生长不良（图1-26-2），有的病例轻度黄疸。血液学检查显示贫血、红细胞数量减少，红细胞表面和血浆中有大量的病原微生物。本病大多是亚临床感染，只有在

图1-26-2　病羔生长不良

应激状态下，才可能出现临床症状。高密度饲养、恶劣的气候条件、饲料改变，都可诱发本病的发生。主要发生在临产的母羊和断奶的羔羊。

【病理变化】 脾脏肿大、血液稀薄、组织黄染。

【诊　断】 根据贫血、生长不良，在染色的血液抹片中有许多附红细胞体存在可诊断本病。鉴别诊断需考虑蠕虫病、营养不良和微量元素缺乏。

【预　防】 以平衡的和足够的日粮饲养羔羊以及清除内外寄生虫，有助于预防附红细胞体病。进行去势、断尾等外科手术时，要严格消毒器械，以防止人工传播。

【治　疗】

（1）贝尼尔（血虫净），按6毫克/千克体重，深部肌内注射，48小时1次，连用3次；同时肌内注射百克米先5~10

毫升，3 天注射 1 次，共 2 次。

（2）解百热 + 免疫核糖核酸，高科 863 分别注射。

采取上述两种治疗措施的同时，用 0.2% 敌百虫喷洒体表进行驱虫，并根据情况进行对症治疗，每天注射复合维生素 B 用以辅助治疗。对严重病例可静注 10% 葡萄糖 300 毫升，加入 10% 安钠咖 5 毫升，维生素 B_6 5 ~ 10 毫升；肌内注射补血素 5 ~ 10 毫升，同时饮水中加入电解多维和口服补液盐。

二十七、羊伪狂犬病

羊伪狂犬病是由伪狂犬病毒引起的急性传染病，以发热、奇痒和神经系统障碍为特征。

【病　原】　伪狂犬病病毒在发病初期存在于血液、乳汁、尿液以及内脏器官中，发病后期主要存在于中枢神经系统。伪狂犬病病毒对外界环境抵抗力强，畜舍内干草上的病毒夏季可存活 3 天，冬季可存活 46 天，含毒材料在 50% 甘油盐水中于 4℃ 左右可保持毒力达 3 年之久。0.5% 石灰乳、2% 氢氧化钠溶液、2% 甲醛溶液等可很快使病毒灭活。加热 55℃ 约 30 分钟死亡。但病毒于 0.5% 苯酚溶液中可保持毒力达数十日之久。

【流行特点】　带毒家畜为本病的主要传染源。感染猪和带毒鼠类是伪狂犬病病毒重要的天然宿主。羊或其他动物感染多与带毒的猪、鼠接触有关。感染动物通过鼻漏、唾液、乳汁、尿液等各种分泌物、排泄物排出病毒，污染饲料、牧草、饮水、用具及环境。本病主要通过消化道、呼吸道途径感染，也可经受伤的皮肤、黏膜以及交配传染，或者通过胎盘、哺乳发生垂直传染。本病一般呈地方性流行或流行性，以冬、春季发病为多。

【**临床症状**】 潜伏期 3~7 天。病羊体温升高，精神不振，呼吸加快，在眼睑、唇部产生剧痒，常用前肢或在地上剧烈摩擦，以致奇痒部位出现水肿、脱毛甚至出血（图 1-27-1）。病羊目光呆滞，间歇性烦躁不安，常转圈鸣叫，运动失调，并伴有磨齿、出汗、强烈喷气及后足用力踏地等神经症状。随着病情发展，肌肉产生痉挛性收缩，四肢无力，咽喉麻痹，鼻腔有浆液性黏性分泌物流出，口腔有泡沫状唾液排出，直至全身衰弱而亡。病程 1~3 天。

【**病理变化**】 对病死羊剖检可见消化道黏膜出血、充血（图 1-27-2），肝脏发暗肿大，胆囊充满墨绿色胆汁、肿大（图 1-27-3）；肺有点状出血；肾质地变软；气管有大量泡沫；脾脏多处有出血性梗死，尤其是边缘明显；脑和脑膜出血、充血严重（图 1-27-4）。

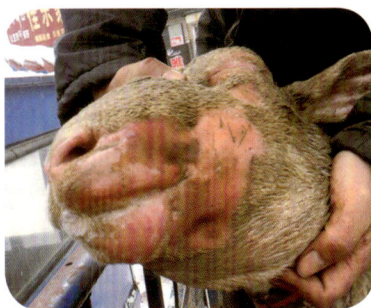

图 1-27-1 面部水肿脱毛

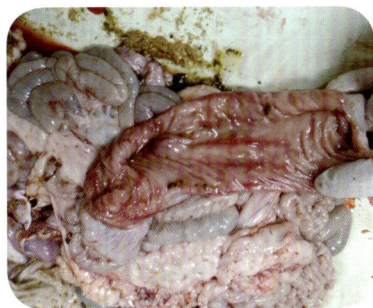

图 1-27-2 肠道黏膜出血、充血

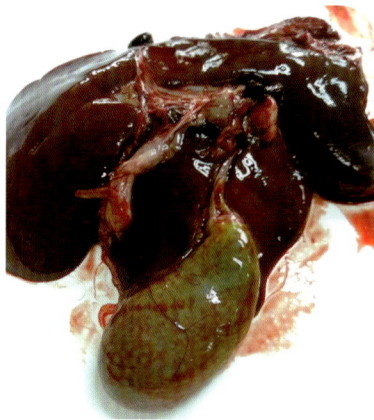

图 1-27-3　胆囊充满墨绿色胆汁、
　　　　　　肿大

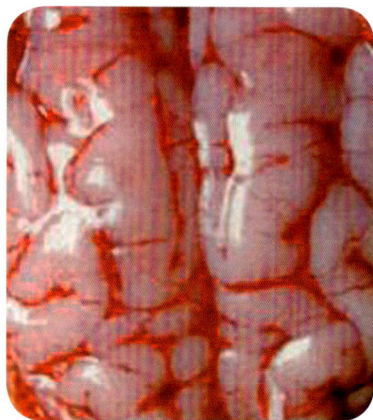

图 1-27-4　脑膜充血、出血

【诊　断】　根据流行特点、临床症状及剖检病变可初步诊断，确诊需进行实验室检查。采取病羊血液，分离血清做伪狂犬乳胶凝集实验。

　　本病还需要注意同狂犬病、李氏杆菌病进行鉴别诊断。患有狂犬病的家畜多有被患病动物咬伤的病史，病羊兴奋时常常带有攻击性行为，病料悬液皮下接种家兔一般不易感染；脑内接种，家兔发病后无皮肤瘙痒症状。患有李氏杆菌病的病羊通常无皮肤瘙痒症状，病料悬液接种家兔不出现特殊的瘙痒症状，病料观察可发现革兰阳性的李氏杆菌，血液涂片染色镜检可见单核细胞增多，即可鉴别诊断。

【预　防】

　　（1）加强饲养管理，提倡自繁自养，不从疫区引入种羊。

　　（2）消灭牧场内的鼠类，避免与猪接触或混养。发生本病后立即隔离病畜，用 2% 氢氧化钠溶液或 10% 石灰乳等消毒药消毒厩舍、污染的环境以及饲管用具等。

（3）淘汰阳性羊，结合免疫接种，逐步净化羊群，清除本病。

（4）与病羊同群的其他羊注射免疫血清。发现新病例时，经2周后再注射1次免疫血清。倘若无新病例出现，应对所有羊进行疫苗接种，1~6月龄羊可2次肌内注射伪狂犬病疫苗，第一次和第二次的接种量分别为2毫升和3毫升，间隔时间为6~8天；6月龄以上的羊第一次和第二次肌内注射疫苗量都是5毫升，间隔时间为6~8天。

当前尚无特效药物能够治疗本病。

第二章　寄生虫病

一、血矛线虫病

血矛线虫病是由捻转血矛线虫寄生于羊的皱胃、小肠内引起的。

【病　原】　捻转血矛线虫呈毛发状（图2-1-1），淡红色。虫卵无色，随宿主粪便排出，孵出幼虫经蜕皮发育到带鞘的感染性幼虫，羊随吃草和饮水吞食感染性幼虫而感染，经3～4周发育为成虫。

【流行特点】　多在夏末和早秋季节流行。低湿牧地有利于传播此病，在早晚放牧露水草或小雨后的阴天放牧，羊更易感染。

【临床症状】　病羊表现为显著贫血，眼结膜苍白，下颌和下腹部水肿，被毛粗乱，消瘦（图2-1-2），精神委顿，严重的卧地不起，或下痢与便秘交替。急性型比较少见，以肥羔羊突然死亡为特征，死羊眼结膜苍白（图2-1-3），严重贫血。病程一般为2～4个月，陷于恶病质而死亡。不死亡者转为慢性，病程长达1年左右。

【病理变化】 胸腔及心包积液，皱胃黏膜水肿和出血（图2-1-4），大量虫体绞结成一黏液状团块，小肠黏膜卡他性炎症。

图 2-1-1 捻转血矛线虫

图 2-1-2 病羊贫血、消瘦、下痢

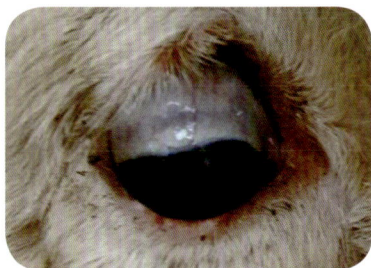

图 2-1-3 严重贫血，眼结膜苍白

图 2-1-4 皱胃出血

【诊　断】 羊群中出现上述症状轻重不同的患者，便可怀疑本病。但确诊须经粪便检查虫卵，并进一步做粪便培养检查具有特征的感染性幼虫，或对流行羊群扑杀剖检严重病畜。

【预　防】 定期预防性驱虫，在春秋季各进行1次，冬季驱杀黏膜内休眠的幼虫，以消除春季排卵高潮，转换放牧场地时应进行驱虫。不在低湿牧地放牧，夏季避免吃露水草。注意饮水卫生，妥善处理羊粪便。

【治　疗】 丙硫苯咪唑，每千克体重5～10毫克，灌服

或混入饲料喂服，1周后再用药1次。左旋咪唑，每千克体重6～8毫克，灌服或混入饲料喂服，1周后再用药1次。阿苯达唑片，每千克体重15毫克，灌服或混入饲料喂服，1周后再用药1次。伊维菌素，每千克体重0.2毫克，皮下注射，首次用药后隔15天再用药1次。

二、肝片吸虫病

羊肝片吸虫病是由肝片吸虫寄生羊肝脏胆管内，引起慢性或急性肝炎和胆管炎，同时伴发全身性中毒现象及营养障碍等症状的疾病。本病可导致羊人批死亡。慢性和隐性症状的患畜因消瘦而使体重和毛、乳产量显著下降，造成严重的经济损失。本病在全国各地均有不同程度发生，并可危害其他反刍动物及猪、马属动物，人亦可遭受感染。

【病　原】 肝片形吸虫背腹扁平，呈树叶状（图2-2-1）。活时为棕红色，固定后为灰白色。大小为21～41毫米×9～14毫米。虫卵呈卵圆形（图2-2-2），黄褐色。前端较窄，后端较钝，卵壳透明而较薄。卵内充满着卵黄色细胞和1个胚细胞。虫卵大小为116～132微米×66～82微米。

大片形吸虫在形态上和肝片形吸虫相似，呈长叶状，大小

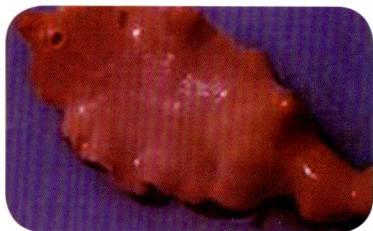

图2-2-1　肝片形吸虫成虫形态

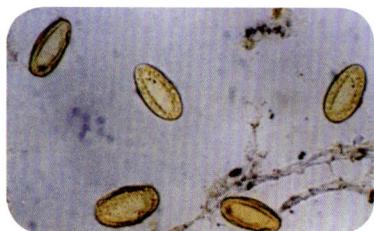

图2-2-2　肝片形吸虫虫卵形态

为 25 ~ 75 毫米 ×5 ~ 12 毫米。

【流行特点】 本病的症状表现因感染强度、家畜的抵抗力、年龄、饲养管理条件等不同而异，幼畜轻度感染即表现症状。急性型症状多发生于夏末秋初，是因在短时间内遭受严重感染所致。慢性型症状较多见于患病羊耐过急性期或轻度感染后，在冬春转为慢性。

【临床症状】

急性型：病羊初期发热、衰弱，易疲劳，离群落后；叩诊肝区半浊音界扩大，压痛明显；很快出现贫血、黏膜苍白（图 2-2-3）、红细胞及血红素显著降低；严重者在几天内死亡。

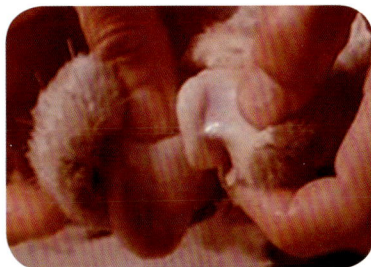

图 2-2-3 口腔黏膜苍白

慢性型：病羊主要表现消瘦，贫血，黏膜苍白，食欲不振，异嗜，被毛粗乱无光泽，且易脱落，步行缓慢；眼睑、颌下、胸下、腹下出现水肿（图 2-2-4）；便秘与下痢交替发生；肝脏肿大（图 2-2-5）。病情逐渐恶化，最后可因极度衰竭死亡。

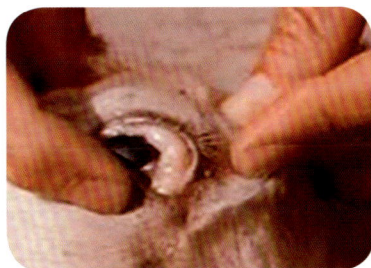

图 2-2-4 眼结膜苍白、水肿

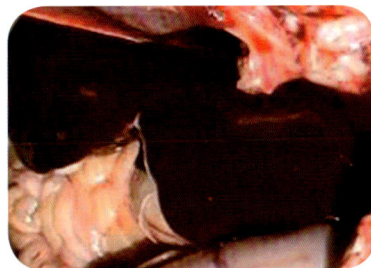

图 2-2-5 肝脏肿大

【病理变化】 主要呈现在肝脏，其变化程度与感染虫体的数量及病程长短有关。在大量感染、急性死亡的病例中，可见到急性肝炎和大出血后的贫血现象，肝肿大，包膜有纤维沉积（图 2-2-6），有 2～5 毫米长的暗红色虫道，虫道内有凝固的血液和少量幼虫。腹腔中有血红色的液体，有腹膜炎病变。

慢性病例主要呈现慢性增生性肝炎，在肝组织被破坏的部位呈现淡白色索状瘢痕，肝实质萎缩，褪色，变硬，边缘钝圆，小叶间结缔组织。胆管肥厚，呈绳索样突出于肝表面；胆管内有磷酸钙和磷酸镁等盐类的沉积而使内膜粗糙，刀切时有沙沙声；胆管内有虫体和污浊稠厚的液体（图 2-2-7）。病畜出现消瘦、贫血和水肿现象；胸腹腔及心包内都蓄积着透明的液体。

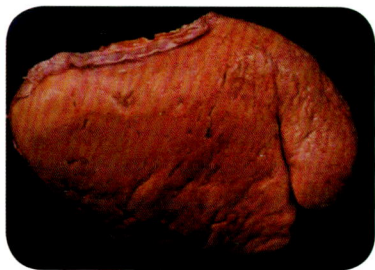

图 2-2-6　幼虫所致的纤维素性肝
　　　　　被膜炎

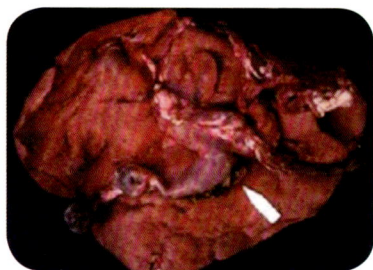

图 2-2-7　虫体寄生于肝胆管内

【诊　断】 简单有效的方法是水洗沉淀法，即由直肠取粪 5～10 克，加入 10～20 倍清水混匀后用纱布或通过 40～60 目筛子过滤，滤液经静置或离心沉淀，倒去上层浑浊液体并再加入清水混匀沉淀，反复进行 2～3 次，直至上层液体清亮为止，最后倒去上层液体，吸取沉淀物，用显微镜观察有无虫卵。虫卵应注意与前后盘吸虫相区别。

对急性病例，因虫体未发育成熟，粪便检查无虫卵时，必须结合病理剖检，在肝脏和胆管中查找是否有大量童虫存在。

此外，应用免疫诊断法，如沉淀反应、补体结合反应、酶联免疫吸附实验、对流电泳和间接血凝试验等，亦可取得较好的诊断效果。

【防　治】 防治本病必须采取综合性防治措施，才能取得较好的成效。

（1）定期驱虫：驱虫是预防和治疗的重要方法之一。驱虫的次数和时间必须与当地的具体情况及条件相结合。每年如进行1次驱虫，可在秋末冬初进行；如进行2次驱虫，另一次驱虫可在翌年的春季。驱除肝片吸虫的药物，常用的有下列几种：①阿苯达唑（抗蠕敏），为广谱驱虫药，对驱除肝片吸虫成虫有良效，剂量按每千克体重5～15毫克，口服。②硝氯粉（拜耳9015），驱成虫有高效；剂量按每千克体重4～5毫克，口服。③五氯柳胺，驱成虫有高效，剂量按每千克体重15毫克，口服。④碘醚柳胺，驱除成虫和6～12周的未成熟肝片吸虫都有效，剂量按每千克体重7.5毫克，口服。⑤双酰胺氧醚，对1～6周龄肝片吸虫幼虫有高效，但随虫龄的增长，药效也随之降低。用于治疗急性肝片吸虫病，剂量按每千克体重7.5毫克，口服。⑥硫双二氯酚（别丁），对驱除成虫有效，使用后有较强的泻下作用，剂量按每千克体重80～100毫克，口服。⑦四氯化碳，驱除成虫效果显著，但有一定副作用，剂量按成年羊每只2毫升，6～12月龄羊1毫升，与液状石蜡以1:4比例混

合灌服；也可按 1∶1 比例与液状石蜡混合后肌内注射。

（2）粪便处理：及时对畜舍内的粪便进行堆积发酵，以利用生物热杀死虫卵。

（3）饮水及饲草卫生：尽可能避免在沼泽、低洼地区放牧，以免感染肝片吸虫。饮水最好用自来水、井水或流动的河水，并保持水源清洁卫生。有条件的地区可采用轮牧方式，以减少感染机会。

（4）消灭中间宿主：肝片吸虫的中间宿主椎实螺生活在低洼阴湿的地区。消灭中间宿主可结合水土改造，以破坏螺蛳的生活条件。流行地区应用药物灭螺时，可选用 1∶5000 的硫酸铜溶液或 2.5 毫克 / 千克体重的血防 67 对椎实螺进行浸杀或喷杀。

三、莫尼茨绦虫病

羊莫尼茨绦虫病是由莫尼茨绦虫寄生于羊的小肠引起的一种寄生虫病。羔羊感染轻则影响生长发育，重则致死。本病在我国分布广泛。

【病　原】　在我国常见的莫尼茨绦虫病原为扩展莫尼茨绦虫和贝氏莫尼茨绦虫。二者在外观上颇相似。扩展莫尼茨绦虫长可达 10 米，宽 1.6 厘米，呈乳白色，虫卵近似三角形。贝氏莫尼茨绦虫呈黄白色，带状，长可达 4 米，宽为 2.6 厘米；虫卵为四角形。虫卵内有特殊的梨形器（内含六钩蚴），卵的直径为 56～67 微米。

【流行特点】　寄生在羊小肠内的成虫不断随粪便排出含有大量虫卵的孕卵节片（图 2-3-1），向外界散布的虫卵被土壤螨吞食后，在其体内经 26～30 天发育为似囊尾蚴。土壤螨在黄昏或黎明时从草皮及腐烂植物之下爬出来活动，附着在饲草或地面上。当羊吃草或舔土时，吞食了含似囊尾蚴的土壤螨即被感染。似囊尾蚴进入消化道后吸附在羊的小肠黏膜上，经 40～50 天发育为成虫。成虫生存期 2～6 个月，此后由肠内自行排出（图 2-3-2）。2～5 月龄的羔羊最易受感染，成年羊的感染率很低。春夏多雨季节易感。

图 2-3-1　莫尼茨绦虫孕卵节片

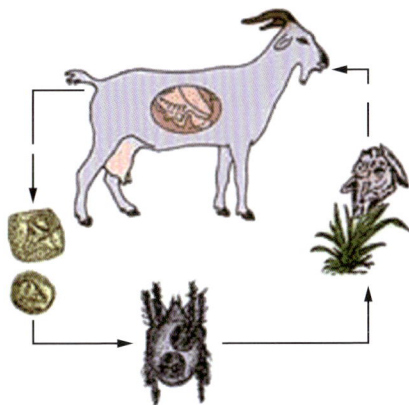

图 2-3-2　莫尼茨绦虫的生活史

【临床症状】 轻度感染时不表现症状，重度感染时可见大量虫体结成团阻塞肠道，且由于虫体吸收大量营养，产生毒素。临床表现为食欲减退，口渴，下痢，有时便秘，粪中有孕卵节片，贫血，淋巴结肿大，黏膜苍白，体重减轻，之后表现弓背，极度沮丧，反应迟钝，最后卧地不起，抽搐，头向后仰或做咀嚼运动，口周围有许多泡沫，衰竭而亡。尸检时可见小肠中有数量不等的长 1 米以上的带状虫体（图 2-3-3）。

图 2-3-3　羊小肠中的莫尼茨绦虫

【防　治】

（1）在多雨潮湿季节，应尽量少喂生长在洼地、沟边或常被羊粪污染的饲草。避免在雨后、清晨或傍晚放牧，使羊减少食入土地螨的机会。

（2）根据本病的流行特点，适时对羊群进行驱虫，必要时进行二次驱虫。驱虫时每只每次可用 1% 硫酸铜溶液 15～100 毫升或砷酸铅 0.5 克灌服。

（3）可选用下列药物治疗：①硫双二氯酚，按每千克体重 75～100 毫克，配成悬浮液一次灌服。②氯硝柳胺（灭绦灵），按每千克体重 50～75 毫克，羔羊每只最低剂量 1 克，配成悬浮液一次灌服。③吡喹酮，按每千克体重 10～20 毫克，一次灌服。④ 1% 硫酸铜溶液，1～3 月龄每只 15～25 毫升，3～6 月龄 30～40 毫升，6 月龄以上 45～60 毫升，配制时用蒸馏水或事先煮沸过的雨水，且不可用金属器具盛装，现配现用，灌药前 12～24 小时停止饮水。⑤苯硫咪唑，按每千克体重 5～10 毫克，配成悬浮液一次灌服。

四、泰勒焦虫病

泰勒焦虫病是由泰勒科、泰勒属的各种焦虫寄生于羊和其他动物引起的疾病。虫体进入羊体内后，先侵入网状内皮系统的细胞（淋巴细胞、组织细胞、成红细胞）中，形成石榴体，其后进入红细胞内寄生，从而破坏红细胞，引起各种临床症状和病理变化。6～8月多发，7月达到高峰。羊泰勒焦虫病的病原体有两种，一种是山羊泰勒焦虫，另一种是绵羊泰勒焦虫，两种都可以感染山羊和绵羊。

【病原体】 虫体形态多样，主要有圆环形、椭圆形、杆状、逗点形、圆点形、大头针样等形态，以圆形和卵圆形为多见，约占80%，圆形虫体的直径为0.6～2.0微米。一个红细胞内一般含有一个主体，有时可见2～3个（图2-4-1）。红细胞染虫率很高，最高可达90%以上。

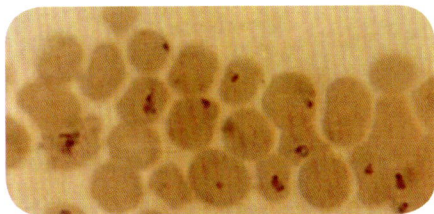

图 2-4-1 红细胞内寄生的羊泰勒焦虫

【临床症状】 患羊病初体温升高达39～41℃，呈稽留热，心律不齐，呼吸加快，且呼吸困难，精神沉郁，食欲减退，有的腹泻，可视黏膜初期充血，继而出现贫血（图2-4-2），体表淋巴结肿大，病程7～15天。

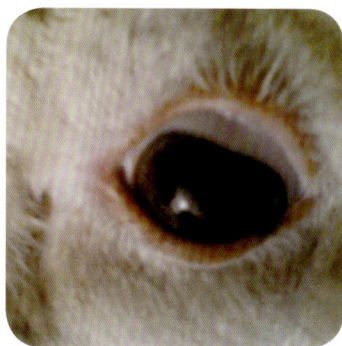

图 2-4-2　眼结膜贫血

【病理变化】 体表淋巴结肿大。肝、脾均明显肿大（图2-4-3），并有出血点，在肝小叶、淋巴结、脾、肾内有巨细胞结节形成。肾呈黄褐色，表面有淡黄色或灰白色结节和出血

图 2-4-3　肝肿大

点（图2-4-4）。肺充血水肿（图2-4-5）。心冠脂肪出血。膀胱黏膜有散在出血点。皱胃黏膜肿胀。尿液发黄、浑浊或血尿。

【诊　断】 根据流行病

图 2-4-4　肾充血水肿

图 2-4-5　肺充血水肿

学、临床症状、病理变化做出初步诊断，后根据镜检和药物试验确诊。采耳尖血抹片，用瑞特氏或姬姆萨氏染色，高倍镜下可见红细胞数量减少，大小不均，有的变形呈海星状，红细胞内有圆形或扁形的深蓝色或蓝紫色的虫体，虫体的数量不一，有的多达十多个。

【治　疗】三氮脒，又称贝尼尔或血虫净，每千克体重7~10毫克，深部肌内注射，每天 2 次，连用 3 天。复方磺胺间甲氧嘧啶注射液，又称复方 914，每千克体重 0.1~0.2 毫升，肌内注射，每天 1 次，连用 3 天。复方新矾钠明，每千克体重 0.1毫升，肌内注射，每天 1 次，连用 3 天。

五、羊螨病

羊螨病又称"疥癣病"，是一种具有强烈痒觉、脱毛，并具有高度传染性的慢性皮肤寄生虫病。绵羊多为痒螨病，山羊多为疥螨病。

【病　原】螨的虫体为圆形或椭圆形（图 2-5-1），呈灰白色或黄色，不分节，由假头部与体部组成，其腹面有足 4 对；前后各 2 对。足分 5 节，末端有吸盘，也有的没有吸盘。羊痒螨雌虫在羊毛之间的寄生区域产卵，一生可产90~100 个；卵经过 3~4 天即孵出 6 脚幼虫；幼虫吸血 1次，经 2~3 天变为若虫；若虫蜕皮 2 次，再过 3~4 天变

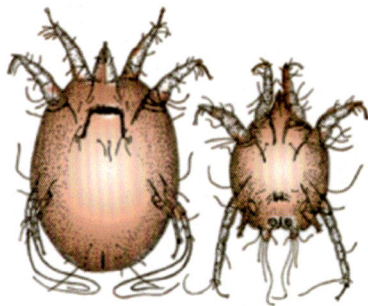

图 2-5-1　羊螨

81

为成虫。羊疥螨在圈舍墙壁或其他器物上最多能活 3 周，雌虫在皮下产卵，一生可产 20~40 个；卵经过 3~7 天孵化成六脚幼虫，再经数日而变为小疥虫，之后发育为成虫。

【流行特点】 本病主要发生于冬季和秋末春初。发病时，疥螨病一般始发于羊皮肤柔软且短毛的部位，如嘴唇、口角、鼻面、眼圈及耳根部，以后皮肤炎症逐渐向周围蔓延；痒螨病则起始于被毛稠密和温度、湿度比较恒定的皮肤部分，如绵羊多发生于背部、臀部及尾根部，之后向体侧蔓延（图 2-5-2）。

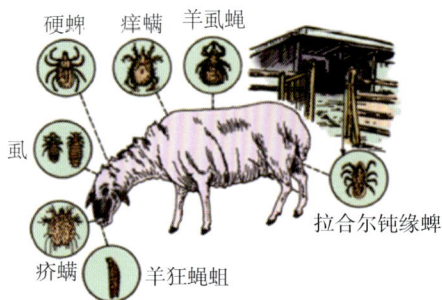

图 2-5-2　羊螨生活史

【临床症状】 病初，虫体小刺、刚毛和分泌的毒素刺激神经末梢，引起剧痒，羊不断在圈墙、栏柱等处摩擦；在阴雨天气、夜间、通风不好的圈舍及随着病情的加重，痒觉表现更为剧烈，继而皮肤出现丘疹、结节、水疱，甚至脓疮；以后形成痂皮和龟裂（图 2-5-3）。

图 2-5-3　绵羊背部皮肤痒螨病病变

特别是绵羊患疥螨病时，病变主要局限于羊的头部（图 2-5-4），病变处如干涸的石灰。绵羊感染痒螨后，可见患部有大片被毛脱落（图 2-5-5）。患羊因终日啃咬和摩擦患部，烦躁不安，影响正常的采食和休息，日渐消瘦，最终可极度衰竭而死亡。

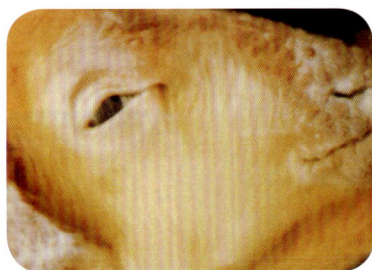

图 2-5-4　绵羊唇、鼻与耳部疥螨　图 2-5-5　绵羊感染痒螨后，患部
　　　　　病病变　　　　　　　　　　　　　　大片被毛脱落

【诊　断】　根据症状表现及疾病流行情况，对可疑病羊刮取皮肤组织查找病原，方法是用经过火焰消毒的凸刃小刀，涂上 50% 甘油水溶液，在皮肤的患部与健康部交界处刮取皮屑，要求一直刮到皮肤轻微出血为止；将刮取的皮屑置入 10% 氢氧化钾或氢氧化钠溶液中煮沸，待大部分皮屑溶解后，经沉淀取其沉渣镜检。无条件的亦可将刮取物置于平皿内，将平皿在热水上稍微加温或在日光下照晒后，将平皿放在黑色背景上，用放大镜仔细观察是否有螨在皮屑间爬动。

【预　防】

（1）每年定期对羊群进行药浴，可取得预防和治疗的双重效果。

（2）对新购入的羊应隔离检查，确定无疥螨寄生后再混群

饲养。

（3）圈舍应经常保持干燥、通风，并定期清扫和消毒。

（4）对患病羊要及时隔离治疗，治疗期间可应用0.1%蝇毒磷乳剂对圈舍、用具等进行消毒，以防病原散布。

【治　疗】

（1）药浴疗法：适用于病羊数量及气候温暖的季节。大规模药浴之前应对所选药物做小批安全试验，为了避免中毒，必须在晴天进行药浴，浴后将羊放在阴凉处，等药干以后再去放牧，药浴时间为1~2分钟，注意浸泡羊头部，药浴前让羊饮足水，以防误饮药液，通常进行2次，间隔7天。常用药物为0.05%双甲脒水溶液、0.05%溴氰菊酯水乳剂。

（2）注射疗法：适用于各种情况的螨病治疗，效果良好。常用药物为阿维菌素，剂量为0.2毫克/千克体重，一次皮下注射。本品也有粉剂可供内服和浇泼，效果完全一样。

六、肺线虫病

肺线虫病也称肺丝虫病，绵羊和山羊都可感染，各地区常有流行，往往会造成羊大量死亡。

【病　原】 大型肺线虫（图2-6-1）中，丝状网尾线虫是危害羊的主要寄生虫，为大型白色虫体，口囊小而浅。雄虫体长30~80毫米；雌虫体长50~112毫米，阴门位于虫体中部附近。

小型肺线虫（图2-6-2）中，缪勒属和原圆属线虫分布最广，危害也较大。这类线虫虫体纤细，体长12~28毫米，肉眼刚能看见；小型肺线虫不同于大型肺线虫，在发育过程中需要中间宿主的参与。

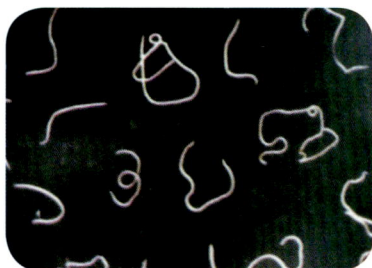

图 2-6-1　大型肺线虫形态

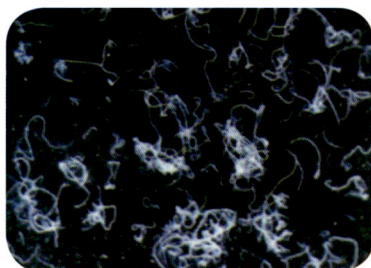

图 2-6-2　小型肺线虫形态

【**临床症状**】　羊群遭受感染时，首先个别羊干咳，继而成群咳嗽，运动时和夜间更为明显，此时呼吸声亦明显粗重，如拉风箱。在频繁而痛苦的咳嗽时，常咳出含有成虫、幼虫及虫卵的黏液团块。咳嗽时伴发啰音和呼吸急促，鼻孔中排出黏稠分泌物，干涸后形成鼻痂，从而使呼吸更加困难。病羊常打喷嚏，逐渐消瘦，贫血，头、胸及四肢水肿，被毛粗乱。羔羊症状严重，死亡率也高。羔羊轻度感染或成年羊感染时的症状表现较轻。小型肺线虫单独感染时，病情表现比较缓慢，只是在病情加剧或接近死亡时，才明显表现为呼吸困难、干咳或呈暴发性咳嗽。

【**病理变化**】　主要表现在肺部，可见有不同程度的肺膨胀不全和肺气肿（图 2-6-3），肺表面隆起，呈灰白色，触摸时有坚硬感；支气管中有黏性或脓性混有血丝的分泌团

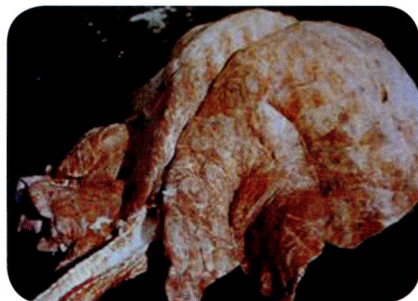

图 2-6-3　肺气肿

块和肺线虫（图2-6-4）。气管内分泌物增多，见有肺线虫（图2-6-5）。

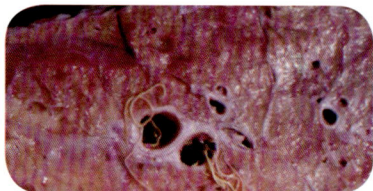

图 2-6-4　支气管中寄生的肺丝虫

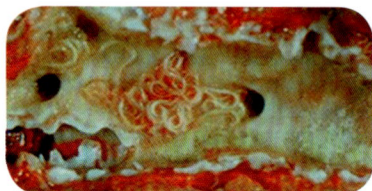

图 2-6-5　气管中的肺线虫

【诊　断】　可根据临床症状（阵发性咳嗽和流鼻涕等）、检查幼虫和尸体剖检可做出诊断。

【防　治】

（1）改善饲养管理，提高羊的健康水平和抵抗力，可缩短虫体寄生时间。

（2）在本病流行区，每年春秋两季（春季在2月，秋季在11月为宜）进行2次以上定期驱虫，驱虫治疗期应将粪便进行生物热处理。

（3）加强羔羊的培育，羔羊与成羊分群放牧，并饮用流动水或井水；有条件的地区，可实行轮牧；避免在低洼沼泽地区放牧；冬季应予适当补饲。

（4）驱虫药物：①驱虫净，灌服，每千克体重10~20毫克；肌内或皮下注射，每千克体重10~12毫克。②左旋咪唑，灌服，每千克体重8毫克；肌内或皮下注射，每千克体重5~6毫克。③丙硫苯咪唑，灌服，每千克体重5~10毫克。④苯硫咪唑，灌服，每千克体重5毫克。⑤氰乙酰肼（网尾素），灌服，每千克体重 17 毫克，每天 1 次，连用 3~5 天；或皮下或肌内注射，每千克体重 15 毫克。⑥亚砜咪唑，灌服，按每千克体重 5 毫克。

七、球 虫 病

　　球虫病是由艾美耳属球虫寄生在羊肠道所引起的一种寄生虫病，以急性或慢性肠炎为特征。羔羊易发，死亡率高。成年羊为带虫者，只感染不发病。

　　【病　原】　在我国危害山羊较严重的球虫有浮氏艾美耳球虫、阿氏艾美耳球虫、错乱艾美耳球虫及雅氏艾美耳球虫，其虫卵大小分别为 29 微米 ×21 微米、27 微米 ×18 微米、45 微米 ×18 微米、23 微米 ×18 微米，均呈卵圆形。

　　【生活史】　球虫的发育无需中间宿主，当羊吞食了具有感染性的卵囊（图 2-7-1）后，子孢子在肠道中逸出，在小肠内进行裂体生殖，产生裂殖子（图 2-7-2），裂殖子发育到一定阶段，形成大、小配子体，大、小配子体结合为卵囊，排出体外，在适宜的环境下形成孢子化的卵囊，即具有感染性。成年羊感染不发病，2~6 月龄的羔羊易发病。主要经消

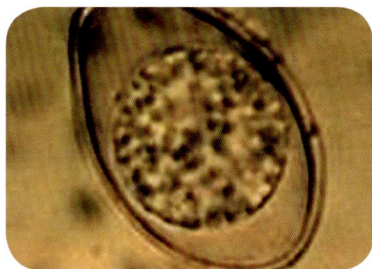

图 2-7-1　肠艾美耳球虫卵囊

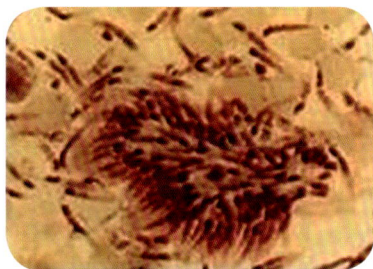

图 2-7-2　肠艾美耳球虫裂殖子

化道感染。

【临床症状】 病羊食欲不振，轻度感染者排羊粪样的软便，严重感染者病初体温升高，后下降，急剧下痢，排恶臭的血便，继之贫血、消瘦、疝痛。羔羊如不及时治疗，死亡率较高。耐过羊可产生免疫力。

【病理变化】 剖检病死羊，可见肠道出血，浆膜面有灰白色病灶（图 2-7-3）。肠系膜淋巴结索状肿胀，切面湿润，苍白色或浅黄色（图 2-7-4）。肠道黏膜上有淡白或黄色卵圆形结节（图 2-7-5），从粟粒到豌豆大不等，十二指肠和回肠有卡他性炎症，呈点状或带状出血。肝表面有许多灰白色结节（图 2-7-6）。

图 2-7-3　肠道出血，浆膜面灰白色病灶

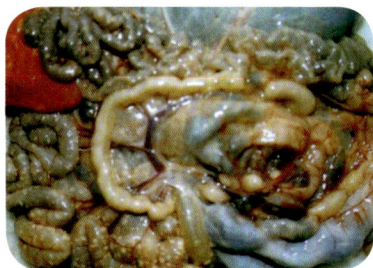

图 2-7-4　肠系膜淋巴结肿大

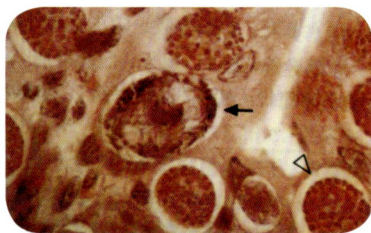

图 2-7-5　肠道黏膜上有卵圆形结节

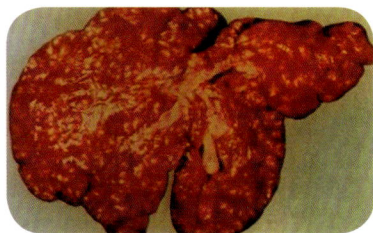

图 2-7-6　肝表面有许多灰白色结节

【防 治】

（1）由于孢子化的卵囊对外界的抵抗力很强，一般对圈舍和用具使用 70 ~ 80℃ 3% 热碱水消毒，必要时采用火焰消毒。

（2）成年羊和幼年羊分开饲养，给予良好的营养，增强机体的抵抗力。

（3）可选用以下治疗药物：①盐霉素，按每天每千克体重 0.33 ~ 1.0 毫克混饲，连喂 2 ~ 3 天。②氨丙啉，按每天每千克体重 145 毫克混饲，连喂 2 ~ 3 周。③对急性病例用磺胺二甲氧嘧啶，按每天每千克体重 50 ~ 100 毫克，服用 4 ~ 5 天。

八、脑多头蚴病

脑多头蚴病又称脑包虫病，是脑多头蚴寄生于羊的脑或脊髓而引起的一系列神经症状的严重寄生虫病。

【病 原】 脑多头蚴为乳白色半透明囊泡，圆形或卵圆形（图 2-8-1），豌豆大到鸡蛋大，囊壁上有集成簇的许多原头蚴，有 100 ~ 250 个。囊内充满液体。羊吞食多头带绦虫虫卵而受感染，六钩蚴钻入肠黏膜，随血流到达脑、脊髓中，经 2 ~ 3 个月发育为多头蚴（图 2-8-2）。

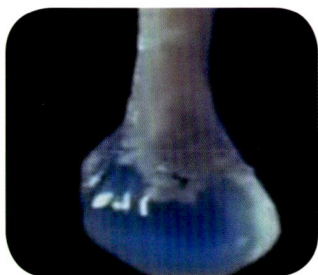

图 2-8-1 脑多头蚴

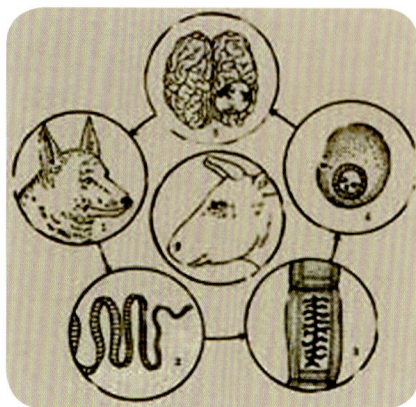

图 2-8-2　羊脑多头蚴的生活史

【流行特点】　本病是牧区常见的一种羊寄生虫病，成虫寄生于犬、狼、狐、豺等肉食兽的小肠，多发于犬活动频繁的地方。容易侵袭 1～2 岁的绵羊和山羊。一年四季都有感染可能。

【症状与病变】　感染后 1～3 周病羊呈现体温升高，类似脑炎或脑膜炎症状，严重者常引起死亡，耐过羊症状消失而呈健康状态。感染 2～7 个月出现典

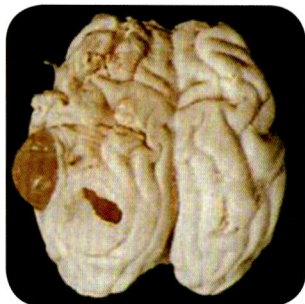

图 2-8-3　多头蚴寄生在一侧
大脑半球

型症状，呈现异常运动和异常姿势。虫体寄生在一侧脑半球表面时（图 2-8-3），头倾向患侧，并以患侧做圆圈运动，对侧眼失明。虫体寄生在脑前部时，病羊头低垂抵于胸前或高举前肢步行或猛冲向前，遇障碍物后倒地或静立不动。虫体寄生在小脑时，病羊

感觉过敏，易惊恐，步态蹒跚，平衡失调，痉挛等。虫体寄生在腰部脊髓时，后躯及盆腔脏器麻痹，最后死于高度消瘦或因重要神经中枢受害。前期有脑膜炎和脑炎病变，后期可见囊体或在表面，或嵌入脑组织中。寄生部位的头骨变薄、松软和皮肤隆起。

【诊　断】　在流行区，根据症状、病史可做出初步诊断。剖检病畜查虫体可确诊。

【防　治】　预防本病应对牧羊犬定期驱虫，排出的犬粪和虫体应深埋。对野犬、狼等终宿主应予以捕杀，防止犬吃到含脑多头蚴的羊脑和脊髓。

对病羊可施行手术摘除，但脑后部及深部寄生者则较困难。近年来用吡喹酮和阿苯达唑进行治疗获得较满意的效果。

九、羊鼻蝇蛆病

羊鼻蝇蛆病是由羊鼻蝇的幼虫（图 2-9-1）寄生在羊的鼻腔及附近腔窦内所引起的疾病。在我国西北、东北及华北等地区较为常见。羊鼻蝇主要危害绵羊，对山羊危害较轻。病羊表现为精神不安，体质消瘦，甚至发生死亡。

【病　原】　羊鼻蝇的成虫体长 10~12 毫米，淡灰色，形状似蜜蜂。第 3 期幼

图 2-9-1　羊鼻蝇幼虫

虫背面隆起，腹面扁平，长 28～30 毫米。

【临床症状】 羊鼻蝇幼虫进入病羊鼻腔、额窦及颌窦后（图 2-9-2），在其移行过程中，由于口前钩和体表小刺损伤黏膜引起鼻炎，鼻液初为浆液性，后为黏液性和脓性，有时混有血液（图 2-9-3）；当大量鼻液干涸在鼻孔周围形成硬痂时，使羊呼吸困难。病羊表现不安，打喷嚏，时常摇头，摩鼻，眼睑浮肿，流泪，食欲减退，日渐消瘦。症状可因幼虫的发育期不同持续数月。通常感染不久呈急性表现，以后逐渐好转，到幼虫寄生的末期，疾病表现更为剧烈。此外，当个别幼虫进入颅腔损伤了脑膜或因鼻窦发炎而波及脑膜时，可引起神经症状，病羊表现为运动失调，旋转运动，头弯向一侧或发生麻痹，最后，食欲废绝，因极度衰竭死亡。

图 2-9-2　羊鼻腔的纵切面，大量
　　　　　鼻蝇蛆寄生

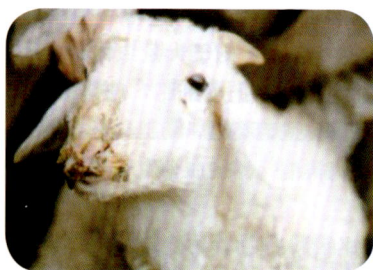

图 2-9-3　病羊鼻液混有血液

【诊　断】 在羊生前诊断可早期用药液喷射鼻腔查找有无死亡的幼虫排出；死后剖检，如在鼻腔、鼻窦或额窦内发现羊鼻蝇幼虫，亦可确诊。

【防　治】 本病防治应以消灭第一期幼虫为主要措施。各地应根据不同气候条件和羊鼻蝇的发育情况确定防治时间，一般在每年 11 月份进行为宜。可选用下列药物：

（1）精制敌百虫：①口服，按每千克体重 0.12 克，配成 2% 溶液，灌服。②肌内注射，取精制敌百虫 60 克、95% 酒精 31 毫升，在瓷容器内加热后，加入 31 毫升蒸馏水，再加热至 60~65℃，待药完全溶解后，加水至总量 100 毫升，经药棉过滤后即可注射；剂量，羊体重 10~20 千克用 0.5 毫升，20~30 千克用 1 毫升，30~40 千克用 1.5 毫升，40~50 千克用 2 毫升，50 千克以上用 2.5 毫升。

（2）敌敌畏：①口服，每千克体重 5 毫克，每天 1 次，连用 2 天。②烟雾法，常用于大面积防治，按室内空间每立方米用 80% 敌敌畏 0.5~1 毫升。吸雾时间应根据小群羊安全试验和驱虫效果而定，一般不超过 1 小时。③气雾法，亦适合大群羊的防治，可用超低量电动喷雾器或气雾枪使药液雾化。药液的用量及吸雾时间与烟雾法相同。④涂搽法，用 1% 敌敌畏软膏，在成蝇飞翔季节涂搽良种羊的鼻孔周围，每 5 天 1 次，可杀死雌虫产下的幼虫。

十、住肉孢子虫病

住肉孢子虫病是绵羊的一种慢性疾病，以心肌与骨骼肌中形成包囊为特征。本病在所有品种和性别的绵羊均可发生，但在 4~7 岁的绵羊中传染更为广泛。

【病　原】 住肉孢子虫主要寄生在羊的心肌、食道和骨骼肌（图 2-10-1，图 2-10-2），在肌肉内形成椭圆形包囊，成熟时含有数百个裂殖子，长达 1 厘米。由寄生虫和宿主产生的包囊壁向内部伸展的绒毛占据周围细胞的空泡，向外伸展形成隔膜。

图 2-10-1　骨骼肌中寄生的住肉孢子虫

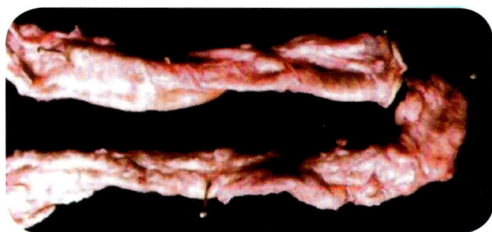

图 2-10-2　食道外膜寄生的住肉孢子虫

【生活史】　当犬和猫吃了绵羊和牛肌肉中的住肉孢子虫后。经 7～10 天住肉孢子虫的孢子囊由粪便中排出。当绵羊吃下犬、猫粪中的孢子囊时，住肉孢子虫裂殖体和包囊便在羊的肌肉中形成。这说明住肉孢子虫是一种有 2 个宿主的寄生虫，它在草食动物肌肉中经历裂殖生殖、在肉食动物肠道中进行孢子生殖。

【临床症状】　轻度感染不显症状。严重感染时，病羊表现不安，无力，肌肉僵硬，食欲不振，发热，贫血，淋巴结肿大，腹泻，发育不良，有的跛行，后肢瘫痪，共济失调。母羊可引起流产。部分严重病羊可发生死亡。

【诊　断】　对屠宰绵羊与死亡绵羊尸检时，根据位于食道、腹部、膈肌和腰肌中的椭圆形、灰色、坚硬的包囊可以做出诊断。对包囊切片中或包囊横切抹片中裂殖子的鉴定可进一步确诊。感染刺激形成的血清学凝集素，可用于帮助鉴定发现感染的动物，为此可用孢子囊作抗原，用间接血凝和间接荧光抗体试验诊断。

【防　治】

（1）肉食动物必须与草食动物及禽类分饲，并减少接触；加强环境卫生管理，不要用生肉饲喂动物，杀灭鼠类。

（2）目前尚无可杀灭虫体的有效药物。在生产中试用灭虫丁注射液，每千克体重200微克，肌内注射；隔5天，再用吡喹酮，每千克体重20毫克，灌服，并补饲生长素添加剂，可使患羊康复。

十一、棘球蚴病

棘球蚴病也叫囊虫病或包虫病，俗称"肝包虫病"。患本病的猪俗称"米猪"。所有哺乳动物都可受到棘球蚴的感染而发生棘球蚴病。绵羊和山羊都是中间宿主。它不但侵害家畜，而且侵袭人后，可引起严重的病害。因此，本病是一种人兽共患的绦虫蚴病，它不仅危害畜牧业，而且对公共卫生有很大影响。羊发生本病以后，可使幼羊发育缓慢，成年羊的毛、肉、奶的数量减少，质量降低，肝脏和肺脏废弃，因而造成严重的经济损失。

【病　原】　棘球蚴是犬细粒棘球绦虫的幼虫期。犬细粒棘球绦虫寄生在犬、狼及狐狸的小肠里，虫体很小，全长2～8毫米，由3个或4个节片组成，头节上具有额嘴和4个吸盘，额嘴上有许多小钩，最后的体节为孕卵节片，内含400～800个虫卵。

棘球蚴寄生于绵羊及山羊的肝脏、肺脏以及其他器官，它的形态多种多样，大小也很不一致。

【生活史】 终末宿主狗、狼、狐狸把含有细粒棘球绦虫的孕卵节片和虫卵随粪排出，污染牧草、牧地和水源。当羊只通过吃草饮水吞下虫卵后，卵膜因胃酸作用被破坏，六钩蚴逸出，钻入肠黏膜血管，随血流达到全身各组织，逐渐生长发育成棘球蚴，最常见的寄生部位是肝脏和肺脏。如果终末宿主吃了含有棘球蚴的器官，经2.5～3个月就在肠道内发育成细粒棘球绦虫，并可在宿主肠道内生活达6个月之久（图2-11-1）。

【临床症状】 严重感染时，有长期慢性的呼吸困难和微弱的咳嗽。叩诊肺部，可以在不同部位发现局限性半浊音病灶；听诊病灶时，肺泡呼吸音特别微弱或完全没有。当肝脏受侵袭

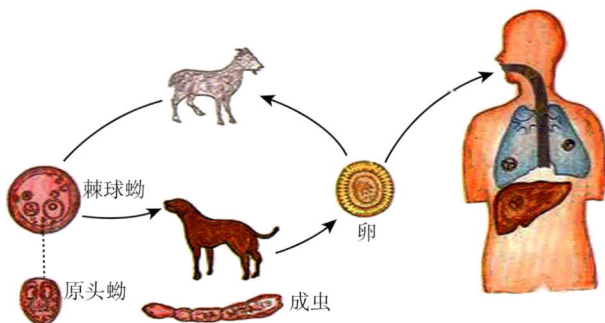

图2-11-1 棘球蚴生活史

时，叩诊可发现浊音区扩大，触诊浊音区时，羊表现疼痛。当肝脏体积极度增大时，可观察右侧腹部稍有膨大。绵羊严重感染时，营养不良，被毛逆立，容易脱落。有特殊的咳嗽，当咳嗽发作时，病羊躺在地上。

【病理变化】　主要表现在虫体经常寄生的肝脏和肺脏。可见肝肺表面凹凸不平，重量增大，表面有数量不等的棘球蚴囊泡突起（图2-11-2）；肝脏实质中亦有数量不等、大小不一的棘球蚴

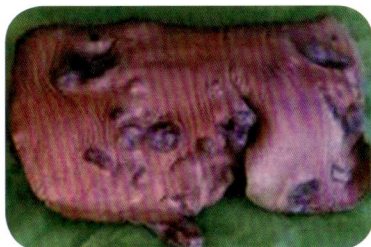

图 2-11-2　肝脏表面的棘球蚴

囊泡（图2-11-3）。棘球蚴内含有大量液体，除不育囊外，液体沉淀后，可见有大量包囊砂。有时棘球蚴发生钙化和化脓。有时在心（图2-11-4）、脾、肾、脑、脊椎管、肌内、皮下亦可发现棘球蚴。

【诊　断】　严重病例可依靠症状诊断，或用X光和超声检查进行确诊。但须注意不要与流行性肺炎相混淆。最好的方法是用皮内变态反应做生前诊断。

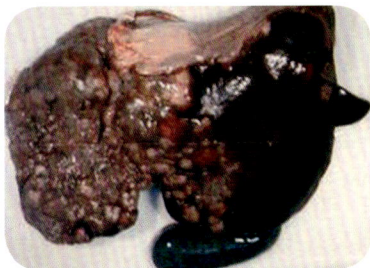

图 2-11-3　肝脏实质中的棘球蚴

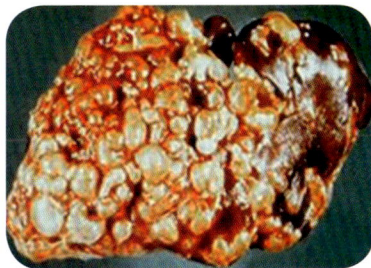

图 2-11-4　心脏上的棘球蚴

【防　治】 本病尚无有效疗法。患棘球蚴病畜的脏器一律进行深埋或烧毁，以防被犬或其他肉食兽食入；做好饲料、饮水及圈舍的清洁卫生工作，防止犬粪污染。驱除犬体内的绦虫，要求每个季度进行 1 次，驱虫药用氢溴酸槟榔碱，剂量按每千克体重 1~4 毫克，绝食 12~18 小时后口服；也可选用吡喹酮，剂量按每千克体重 5~10 毫克，口服。服药后的犬应拴留 1 昼夜，并将所排出的粪便及垫草等全部烧毁或深埋处理，以防病原扩散传播。

十二、细颈囊尾蚴病

细颈囊尾蚴病是寄生于犬和狼、狐等肉食动物小肠内的带科带属泡状带绦虫的幼虫细颈囊尾蚴，寄生在羊、猪、牛和鹿等动物的腹膜、大网膜、肝脏与膈等处所引起的寄生虫病。

【病　原】 病原为细颈囊尾蚴，寄生于感染动物的肠系膜上，有时寄生于肝脏表面。寄生数目不等，有时可达数十个，一般为豌豆到鸡蛋大，白色，囊内充满透明液体，在囊泡上长有一个高粱粒大的白色颗粒，就是向内凹陷的头节。其成虫为白色或淡黄色，长 60~500 厘米，宽 1~5 毫米，分为头节、颈节和体节。虫卵呈无色透明的圆形或椭圆形，薄而脆弱，大小为 50~70 微米，内有六钩蚴虫。

【流行特点】 细颈囊尾蚴在世界上分布很广，凡养犬的地方，一般都会有牲畜感染。家畜感染细颈囊尾蚴，系由于感染泡状带绦虫的犬、狼等动物的粪便中排出有绦虫的节片或虫卵，污染了牧场、饲料和饮水。常见农村宰猪或牧区宰羊时，犬多守立于旁，凡不宜食用的废弃内脏便丢弃在地，任犬吞食，这是犬易于感染泡状带绦虫的重要原因。这种感染方式在我国不少农村地区是很常见的。细颈囊尾蚴对羔羊致病力强，往往由于六钩蚴移行至肝脏时，形成孔道，造成急性肝炎。

【临床症状】 本病主要危害幼龄羊，成龄羊群常仅为带虫者。病羊的临床症状一般不甚明显，主要呈慢性经过，身体日渐消瘦，被毛逆立而无光泽，眼结膜及皮肤的颜色日益变淡，在出牧过程中常常行动落后，平时往往舔食粪尿和其他污物，表现异嗜。病情严重时，病羊精神不振，采食和饮水减少，喜卧，生长发育缓慢，在寒冷季节和饲料单一而营养不足的情况下，容易发生死亡。

【病理变化】 剖检病死羊，很容易在其腹腔的肝脏（图2-12-1）、大网膜（图2-12-2）、肠系膜（图2-12-3）、腹膜（图2-12-4）、横膈膜及骨盆腔脏器外面等处发现呈水铃铛样的细颈囊尾蚴。虫体呈乳白色囊泡状，在羊腹腔内寄生的数量不一，多者可达十几个或更多。虫体大小不等，常

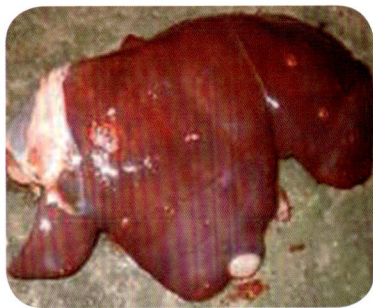

图2-12-1 肝脏上寄生的细颈囊尾蚴

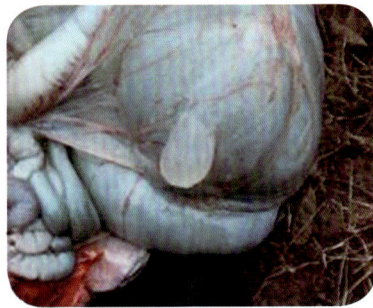

图2-12-2 大网膜上寄生的细颈囊尾蚴

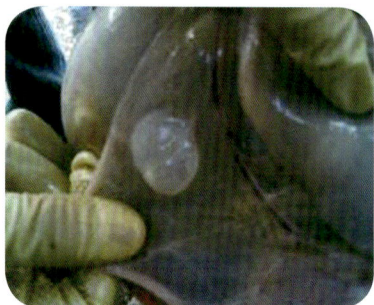

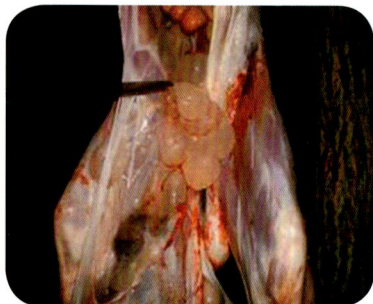

图 2-12-3　肠系膜上寄生的细颈　　图 2-12-4　腹膜上寄生的细颈囊
　　　　　囊尾蚴　　　　　　　　　　　　　　尾蚴

见其小者如豌豆大，大者如鸡蛋大。虫体寄生于羊浆膜组织表面上时，一般仅以小部分附于组织上，大部分囊泡游离而显现出一段细窄的颈部。病死羊皮下脂肪减少，肌肉颜色变淡，血液稀薄，在皮下或肌间往往出现胶样浸润。有的病羊肝脏稍肿大，肝脏表面往往有细小的出血点、小结节或灰白色的瘢痕。虫体寄生于肝脏表面时，附着部位的组织往往褪色与萎缩。

【诊　断】　在网膜、肠系膜和胃肠浆膜等腹腔浆膜上可见借助粗细不一的蒂悬挂着成熟的囊尾蚴囊泡。严重时，一只羊可见几十甚至上百个囊泡，成串地悬挂在腹腔浆膜上，并可见局限性腹膜炎。用细颈囊尾蚴液制成抗原做皮内试验，此法已经成为进行大面积普查和筛选的主要手段。终末宿主检查以粪便检查虫卵或孕卵节片为主。

【防　治】

（1）中间宿主的家畜屠宰后，应加强肉品卫生检验，检出细颈囊尾蚴及其寄生的内脏需进行无害处理，不得随意丢弃或喂犬。严禁犬进入屠宰场。对犬进行定期检查和驱虫，可选用以下几种药物：①氢溴酸槟榔碱，按 1 毫克 / 千克体重，停食 12～13 小时，以肠衣片经口给药。②盐酸丁奈脒，按 25～50 毫克 / 千克体重，停食 3～4 小时，口服，用前不得将药捣碎或溶于水，否则会引起中毒。③硫酸双氯酚，按 200 毫克 / 千克体重，一次口服。④阿苯达唑，按 400 毫克 / 千克体重，一次口服。

（2）蝇在传播虫卵中起着重要作用，应采取可行方法灭蝇。

（3）治疗病羊可用下列药物：①吡喹酮，每千克体重 50 毫克，口服，可杀死细颈囊尾蚴。②阿苯达唑，每千克体重 60 毫克，口服。

第三章　内科病

一、口　炎

羊的口炎是口腔黏膜表层和深层组织的炎症。本病演变过程有单纯性局部炎症和继发性全身反应。

【病　因】　原发性口炎多由外伤引起。如采食尖锐的植物枝杈、秸秆，误饮氨水，舔食强酸、强碱等。继发性口炎多发生于羊患口疮、口蹄疫、羊痘、霉菌性口炎，过敏反应和羔羊营养不良时。

【临床症状】　原发性口炎病羊常采食减少或停止，口腔黏膜潮红、肿胀、疼痛、流涎，甚至糜烂（图3-1-1）、出血和溃疡，口臭，全身变化不大。

继发性口炎多见有体温升高的全身反应。例如，羊口疮，口腔黏膜以及上下唇、口角处呈现疱疹和出血干痂样坏死（图3-1-2）；口蹄疫，除口腔黏膜发生水疱及烂斑外，趾间及皮肤也有类似病变；羊痘，除口黏膜有典型的痘疹外，在乳房、眼角、头部、腹下皮肤处亦有痘疹。霉菌性口炎，常有采食发霉饲料的病史，除口腔黏膜发炎外，还表现下泻、黄疸等病演过程。过敏反应性口炎，多与突然采食或接触某种过敏原有关，除口腔有炎症变化外，在鼻腔、乳房、肘部和股部内侧等处见有充血、渗出、溃烂、结痂等变化。

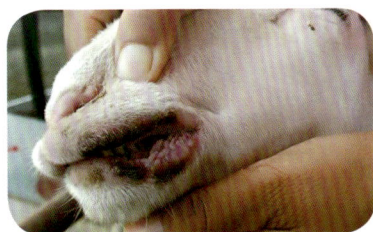

图 3-1-1 口腔黏膜潮红、糜烂

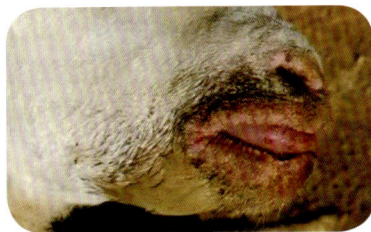

图 3-1-2 口腔黏膜及上下唇出现疱疹

【防　治】　加强管理，防止因口腔受伤而发生原发性口炎。宜用 2% 碱水刷洗消毒饲槽，饲喂青嫩或柔软的青干草。对传染病继发口腔炎症者，宜隔离消毒。轻度口炎，可用 0.1% 雷佛奴耳液或 0.1% 高锰酸钾液冲洗；亦可用 20% 盐水冲洗；发生糜烂及渗出时，用 2% 明矾液冲洗；有溃疡时，用 1:9 碘甘油或蜂蜜涂搽。全身反应明显时，用青霉素 40 万~80 万单位、链霉素 100 万单位，一次肌内注射，连用 3~5 天；亦可服用磺胺类药物。中药疗法，可口衔冰硼散、青黛散，每天 1 次。

二、食道阻塞

食道阻塞是羊食道内腔被食物或异物堵塞而发生的以咽下障碍为特征的疾病。

【病　因】　本病主要由于过度饥饿的羊吞食了过大的块根饲料，未经充分咀嚼而吞咽，阻塞于食道某一段而酿祸成疾。例如，吞进大块萝卜、西瓜皮、洋芋、玉米棒、包心菜根及落果等。亦见有误食塑料袋、地膜等异物造成食道阻塞的。继发性食道阻塞常见于食道麻痹、狭窄和扩张。

【临床症状】　本病一般多突然发生。一旦阻塞，病羊采食停止，头颈伸直（图3-2-1），伴有吞咽和作呕动作；口腔流涎，骚动不安；或因异物吸入气管，引起咳嗽。当阻塞物发生在颈部食道时，局部突起，形成肿块，手触可感觉到异物形状；当发生在胸部食道时，病羊疼痛明显，并可继发瘤胃臌气。

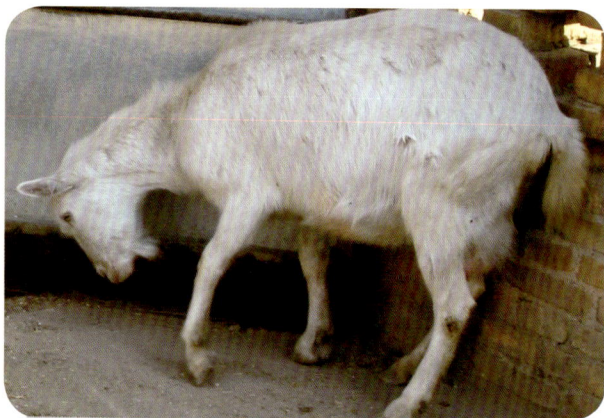

图3-2-1　羊食道阻塞时头颈伸直

【诊　断】　食道阻塞分完全阻塞和不完全阻塞两种情况，使用胃管探诊可确定阻塞的部位。完全阻塞，水和唾液不能下咽，从鼻孔、口腔流出，在阻塞物上方部位可积存液体，手触有波动感。不完全阻塞，液体可以通过食道，而食物不能下咽。

诊断时，应注意与咽炎、急性瘤胃臌气、口腔疾病相区别。

发生食道阻塞时，如有异物吸入气管可发生异物性气管炎和异物性肺炎。

【治 疗】

（1）吸取法：阻塞物如为草料食团，可将羊保定好，送入胃管后用橡皮球吸取水，注入胃管，在阻塞物上部或前部软化阻塞物，反复冲洗，边注入边吸出，反复操作，直至食道畅通。

（2）胃管探送法：阻塞物在近贲门部位时，可先将2%普鲁卡因溶液5毫升、液状石蜡30毫升混合后，用胃管送至阻塞部位，待10分钟后，再用硬质胃管推送阻塞物进入瘤胃中。

（3）砸碎法：当阻塞物易碎、表面光滑并阻塞在颈部食道时，可在阻塞物两侧垫上软垫，将一侧固定，在另一侧用木槌或拳头砸（用力要均匀），使其破碎后进入瘤胃。

治疗中若继发瘤胃臌气，可施行瘤胃放气术，以防病羊发生窒息。

【预 防】 防止羊偷食未加工的块根饲料，补喂家畜生长素制剂或饲料添加剂，清理牧场、厩舍周围的废弃杂物。

三、瘤胃积食

羊瘤胃积食是指瘤胃充满饲料（图3-3-1，图3-3-2），超过了正常容积，致使胃体积增大，胃壁扩张，食糜滞留在瘤胃引起严重消化不良的疾病。本病临床特征为反刍、嗳气停止，瘤胃坚实，腹痛，瘤胃蠕动极弱或消失。

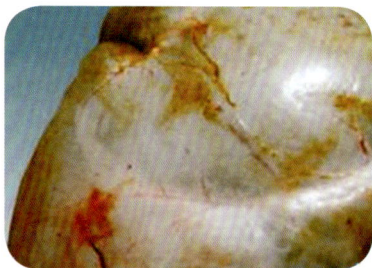

图 3-3-1　瘤胃膨胀

图 3-3-2　胃内积食

【病　因】　羊吃了过多的质量不良、粗硬易膨胀的饲料，如块根类、豆饼、霉败饲料等，或采食干料而饮水不足等。前胃弛缓、瓣胃阻塞、创伤性网胃炎、腹膜炎、皱胃炎、皱胃阻塞等也可导致瘤胃积食的发生。

【临床症状】　病羊在发病初期，食欲、反刍、嗳气减少或停止；鼻镜干燥，排粪困难，腹痛不安，摇尾，弓背，回头顾腹（图 3-3-3），呻吟咩叫；呼吸急促，脉搏加快，结膜发

图 3-3-3　病羊回头顾腹

绀；听诊瘤胃蠕动音减弱、消失；触诊瘤胃胀满、硬实。后期由于过食造成胃中食物腐败发酵，导致酸中毒和胃炎，精神极度沉郁，全身症状加剧，四肢颤抖，常卧地不起，呈昏迷状态。

【预　防】

（1）加强饲养管理。如饲草、饲料过于粗硬，要经过加工再喂，并注意预防羊贪食与暴食。要加强运动。

（2）对病羊加强护理，停喂草料，待积去胀消、反刍恢复后，喂给少量易于消化的干青草，逐步增量；反刍正常后，方可恢复正常饲喂。治疗期间给温盐水饮用。

【治　疗】　以消导下泻，止酵防腐，纠正酸中毒，健胃补液为治疗原则。

（1）消导下泻，液状石蜡 100 毫升、硫酸镁 50 克、芳香氨醑 10 毫升，加水 500 毫升，一次灌服。

（2）纠正酸中毒，5% 碳酸氢钠 100 毫升、5% 葡萄糖 200毫升，一次静脉注射。

（3）手术治疗，药物治疗无效时，即速进行瘤胃切开术，取出内容物。

四、前胃弛缓

羊前胃弛缓是前胃兴奋性和收缩力量降低导致的疾病。临床特征为正常的食欲、反刍、嗳气紊乱，胃蠕动减弱或停止，可继发酸中毒。

【病　因】　由于不良的饲养管理，饲料品种单一，长期的大量饲喂秸秆、麸皮等过硬难以消化的饲料；长期过多给予精

饲料和柔软饲料，以及饲喂霉变、冰冻、缺乏矿物质和维生素类饲料，导致消化功能下降，均可引起本病的发生。患有瘤胃积食、瘤胃臌气、胃肠炎和其他多种内科、产科和某些寄生虫病时，也会继发前胃弛缓。本病在冬末、春初饲料缺乏时最为常见。

【临床症状】 急性前胃弛缓表现食欲废绝，反刍停止，瘤胃蠕动减弱或停止；瘤胃内容物腐败发酵（图 3-4-1），产生多量气体，左腹增大，叩触不坚实。慢性前胃弛缓表现病畜精神沉郁，倦怠无力，喜卧地（图 3-4-2）；被毛粗乱；体温、呼吸、脉搏无变化，食欲减退，反刍缓慢；瘤胃蠕动力量减弱，次数减少。

图 3-4-1　瘤胃内容物腐败发酵　　　图 3-4-2　病羊左腹增大，卧地

【预　防】 改善饲养管理，排除病因，增强体液调节功能，防止脱水和自体中毒。

【治　疗】

（1）消除病因，缓泻、止酵、兴奋瘤胃的蠕动，采用饥饿疗法，先禁食 1~2 天，每天人工按摩瘤胃数次，每次 10~20 分钟，并给予少量易消化的多汁饲料。

（2）当瘤胃内容物过多时，可投服缓泻剂，内服硫酸镁20～30克或液状石蜡100～200毫升。

（3）为加强胃肠蠕动，恢复胃肠功能，可用瘤胃兴奋剂：病初用10%氯化钠溶液20～50毫升，静脉注射；还可内服酒石酸锑钾0.2～0.5克、番木鳖酊1～3毫升，或皮下注射2%毛果芸香碱1毫升等前胃兴奋剂。

（4）为防止酸中毒，可加服碳酸氢钠10～15克。后期可选用各种健胃剂，如灌服人工盐20～30克或用大蒜酊20毫升、龙胆末10克、豆蔻酊10毫升，加水适量一次内服，以便促进食欲的恢复。

五、瘤胃臌气

急性瘤胃臌气是草料在瘤胃发酵，产生大量气体，致使瘤胃体积迅速增大（图3-5-1），过度膨胀并出现嗳气障碍为特征的一种疾病。常发生于春、夏季，绵羊和山羊均可患病。本病可分为原发性瘤胃臌气（泡沫性臌气）和继发性瘤胃臌气

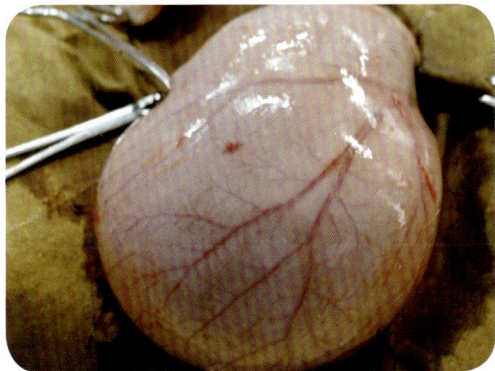

图 3-5-1　瘤胃膨胀

（非泡沫性或自由气体性膨气）两种。

【病　因】

原发性瘤胃膨气：主要是所食牧草中含有生泡沫性物质，如皂苷、果胶、半纤维素，特别是可溶性叶蛋白，使瘤胃发酵气体生成大量稳定的泡沫并与瘤胃内容物混合在一起，不能通过嗳气被排出，导致瘤胃鼓胀。此外，采食较多粉碎过细的谷物饲料，可引起瘤胃 pH 值下降，胃内环境适合于带荚膜的细菌生长时，细菌可产生稳定泡沫的细胞外多糖黏液，以及唾液分泌功能不全，也在原发性瘤胃膨气中起重要作用。在这些因素的配合下，膨气可一触即发。在实践中，本病多见于下列情况：①吃了大量容易发酵的饲料，最危险的是各种蝶形花科植物，如车轴草、苜蓿及其他豆科植物，尤其是在开花以前。初春放牧于青草茂盛的牧场，或多食萎干青草、粉碎过细的精饲料、发霉腐败的马铃薯、红萝卜及山芋类都容易发病。②吃了雨后水草或露水未干的青草、冰冻饲料或蒿秆，尤其是在夏季雨后清晨放牧时，易患此病。

继发性瘤胃膨气：主要是由于前胃功能减弱，嗳气功能障碍。多见于前胃弛缓、食道阻塞、腹膜炎、气哽病等。

【临床症状】　病羊站立不动，背拱起，头常弯向腹部。不久腹部迅速胀大，左边更为明显（图 3-5-2），皮肤紧张，叩之如鼓。由于第一胃向胸腔挤压，引起呼吸困难，病羊张口伸舌，表现非常痛苦。呼吸困难的原因除由于胃内气体积蓄之外，同时也因为第一胃能够迅速吸收二氧化碳及一氧化碳。

膨胀严重时，病羊的结膜及其他可视黏膜呈紫红色，不吃、不反刍，脉搏快而弱，间有嗳气或食物反流现象；有时直肠垂脱。此时病羊十分窘迫，站立不稳，最后倒卧地上，痉挛而死。病程常在1小时左右。

图3-5-2　绵羊急性瘤胃臌气腹部胀大

【病理变化】　尸体腹部膨大。瘤胃壁非常紧张，有时瘤胃或横膈膜破裂。胃内有大量气体或泡沫状物质。肺或静脉淤血，心包及浆膜（胸膜）上有小点状及线状充血，很像窒息病变。

【预　防】　此病大都与放牧不小心和饲养不当有关，因此为了预防臌气，必须做到以下各点：

（1）春初放牧时，每日应限定时间，有危险的植物不能让羊任意饱食；一般在生长良好的苜蓿地放牧时，不可超过20分钟。第一次放牧时，时间更要尽量缩短（不可超过10分钟），以后逐渐增加，即不会发生大问题。

（2）放牧青嫩的豆科草以前，应先喂些富含纤维质的干草。

（3）在饲喂新饲料或变换放牧场时，应该严加看管，以及

早发现症状。

（4）放牧人员应掌握简单的治疗方法，放牧时带上木棒、套管针（或大针头、小刀）或药物，以备急需，因为急性膨胀往往可以在 30 分钟以内引起死亡。

（5）不要喂霉烂的饲料，也不要喂大量容易发酵的饲料。雨后及早晨露水未干前不要放牧。

【治　疗】　根据气胀的程度采用不同的疗法。

（1）轻度气胀，可强迫喂给食盐颗粒 25 克左右，或者灌给植物油 100 毫升左右。也可以用酒、醋各 50 毫升，加温水适量灌服。

（2）剧烈气胀，可将羊的前腿提起，放在高处，在其口内放以树枝或木棒，使口张开，同时有规律地按压左胁腹部，以排出胃内气体。然后采用以下方法，防止继续发酵。①来苏尔 2.0～5.0 毫升，加水 200～300 毫升，一次灌服。②松节油或鱼石脂 5 毫升，或薄荷油 3 毫升，液状石蜡 80～100 毫升，加水适量灌服，若半小时以后效果不显著，可再灌服 1 次。③从口中插入橡皮管，放出气体，同时向管中灌入油类 60～90 毫升。④灌服氧化镁：氧化镁是最容易中和酸类并吸收二氧化碳的药物，对治疗臌气的效果很好。其剂量根据羊的大小而定；一般小羊用 4～6 克，大羊为 8～12 克。⑤植物油（或液状石蜡）100 毫升，芳香氨醑 10 毫升，松节油（或鱼石脂）5 毫升，酒精 30 毫升，一次灌服。或二甲基硅油 0.5～1 毫升，或 2% 聚合甲基硅香油 25 毫升，加水稀释，一次灌服。

（3）若病势非常严重，应迅速施行瘤胃穿刺术。

六、瓣胃阻塞

瓣胃阻塞又称瓣胃秘结，在中兽医称为"百叶干"，是由于羊瓣胃收缩力量减弱，食物排出不充分，通过瓣胃的食糜积聚，充满于瓣叶之间，水分被吸收，内容物变干而致病。其临床特征为瓣胃容积增大、坚硬，腹部胀满，不排粪便。

【病　因】　本病主要是由于饲喂过多秕糠、粗纤维饲料而饮水不足所引起；或饲料和饮水中混有过多泥沙，使泥沙混入食糜，沉积于瓣胃瓣叶之间而发病。

瓣胃阻塞还可继发于前胃弛缓、瘤胃积食、皱胃阻塞、皱胃与腹膜粘连等疾病。

【临床症状】　病初期与前胃弛缓症状相似，瘤胃蠕动减弱，瓣胃蠕动消失，可继发瘤胃臌气和瘤胃积食。排粪干少，粪便色泽暗黑，后期排粪停止。触压病羊右侧第 7~9 肋间，肩关节水平线，羊表现痛苦不安，有时可以在右肋骨弓下摸到阻塞的瓣胃（图 3-6-1）。如病程延长，瓣胃小叶发炎（图 3-6-2）或坏死，常可继发败血症，可见病羊体温升高，呼吸和脉搏加快，全身衰弱，卧地不起，最后死亡。

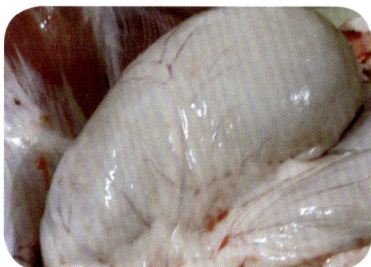

图 3-6-1　瓣胃阻塞

图 3-6-2　瓣胃小叶发炎

【诊　断】　根据病史和临床表现，如病羊不排粪，瓣胃区敏感，瓣胃区扩大，坚硬等，即可确诊。

【预　防】　避免给羊过多饲喂秕糠和坚韧的粗纤维饲料，防止导致前胃弛缓的各种不良因素。注意运动和饮水，增进消化功能，防止本病的发生。

【治　疗】

（1）病初期可用硫酸钠或硫酸镁80～100克，加水1 500～2 000毫升，一次内服；或石蜡油500～1 000毫升，一次内服。同时静脉注射促反刍注射液200～300毫升，增强前胃神经兴奋性，促进前胃内容物的运转与排出。

（2）对顽固性瓣胃阻塞，可用瓣胃注射疗法。具体方法是：于右侧第九肋间隙和肩关节水平线交界处，选用12号7厘米长针头，向对侧肩关节方向刺入约4厘米深，刺入后可先注入20毫升生理盐水，感到有较大压力，并有草渣流出，表明已刺入瓣胃，然后注入25%硫酸镁溶液30～40毫升、液状石蜡油100毫升（交替注入瓣胃），于次日再重复注射1次。瓣胃注射后，可用10%氯化钙10毫升、10%氯化钠50～100毫升、5%葡萄糖生理盐水150～300毫升，混合一次静脉注射。待瓣胃松软后，皮下注射0.1%氨甲酰胆碱0.2～0.3毫升，兴奋胃肠运动功能，促进积聚物排出。

七、创伤性网胃炎

本病是由于异物刺伤网胃壁而发生的一种疾病。特征为急性前胃弛缓，胸壁疼痛，间歇性臌气，白细胞总数增加及白细胞核左移等。

【病　因】　由于饲养管理不当，饲料加工过于粗放，调理饲料不经心等情况下，常发本病；随意舍饲和放牧，家畜采食了金属尖锐异物（铁钉、铁丝、针等）落入网胃也可造成本病（图 3-7-1）。

图 3-7-1　尖锐异物刺伤网胃壁

【临床症状】　本病从吞入异物到发病，快的 1~4 天，慢则几周。一般发病缓慢，病羊初期无明显变化，日久则表现精神不振，食欲降低、反刍减少，瘤胃蠕动减弱或停止，并常出现反刍性嗳气。病情较重时病羊行动小心，常有拱背、呻吟等疼痛表现。触诊网胃部，发生疼痛并抵抗，腹肌紧缩。病羊站立时，肘关节张开，起立时先起前肢。体温一般正常，但有时升高。

当发生创伤性心包炎时（图 3-7-2），病羊全身症状加

图 3-7-2　尖锐异物刺穿网胃壁和心包

重，体温升高，心跳明显加快，颈静脉怒张，颌下、胸前水肿。叩诊心区扩大，有疼痛感。听诊心音减弱，浑浊不清，常出现摩擦音及拍水音。病后期常导致腹膜粘连、心包化脓和脓毒败血症。

【预　防】　本病的常见病因是食入金属异物，因此减少异物进入网胃是有效的预防方法。除了注意草料的储藏和加强管理外，还可以采取以下方法：在铡草机的饲草过板上放置一磁力足够强的磁铁，以减少金属异物进入饲料。

【治　疗】　早期确诊后，用硫酸镁（钠）40～100克、液状石蜡100～200毫升或植物油100～200毫升，内服。重症病羊，可在用药后8～10小时，再皮下注射2%盐酸毛果芸香碱、新斯的明等，以提高疗效。也可采用瘤胃切开术，从网胃中取出异物，同时采用抗生素和磺胺类药物等对症治疗；如病已到晚期，并累及心包和其他器官，应将病羊淘汰。

八、肠 变 位

肠变位是肠管的位置发生改变，同时伴发机械性肠腔闭塞，肠壁的血液循环也受到严重破坏，引起剧烈的腹痛。本病发病率很低，但死亡率高。

肠变位通常包括肠套叠、肠扭转、肠缠结及肠箝闭4种。肠套叠是某一部分肠管套叠在相邻肠腔内，多见于小肠。肠扭转是肠管沿自身的纵轴或以肠系膜基部为轴的扭转而引起肠腔闭塞，易发生于空肠，特别是接近回肠的空肠。肠缠结，即一段肠管以其他肠管、精索、韧带、肠系膜基部、腹腔肿瘤的根蒂、粘连脏器的纤维束为轴心进行缠绕而形成络结，引起肠管的闭塞不通，常见于空肠。肠箍闭又名肠嵌顿或疝气，为肠管的一段陷于先天孔或后天的病理孔（如腹股沟孔、肠系膜破裂孔、网膜孔等）中，致肠管发生闭塞不通。其中，以肠套叠较为常见（图 3-8-1）。

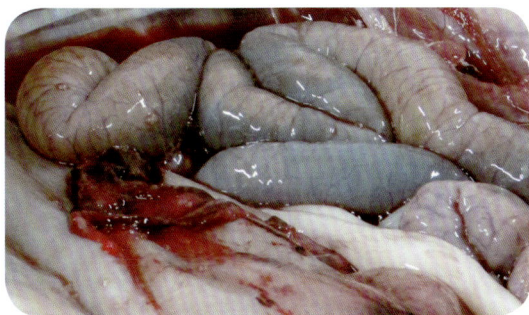

图 3-8-1　肠套叠

【病　因】

（1）羊强烈运动、猛烈跳跃或过分努责，使肠内压增高、肠管剧烈移动而造成。

（2）羊长时间饥饿而突然大量进食（特别是刺激性食物时），由于肠管长时间的空虚迟缓，前段肠管受食物刺激，急剧向后蠕动，而与其相连的后一段肠管则仍处于空虚迟缓状态，因此容易发生前段肠管被套入后段肠腔中而发生肠套叠。

（3）羊食入冰冻霜打、腐败发霉以及刺激性过强的饲料，使肠道受到严重的刺激，导致肠管蠕动异常，引起发病。

（4）继发于肠痉挛、肠炎、肠麻痹、肠便秘等内科病及某些寄生虫病。

【临床症状】 病羊常突然发病，呈持续性严重腹痛症状，表现许多不自然姿势，如摇尾、踢腹、起卧、犬坐、后肢弯曲或前肢下跪，有时两前肢屈曲而横卧。病羊精神极度痛苦，目光凝视（图3-8-2），全身不时发抖，磨牙，呻吟，食欲废绝，结膜充血，呼吸迫促，脉搏弱而快。体温一般正常，并发肠炎及肠坏死时，体温可升高。病初频频排粪，后期停止。腹围常常增大。肠蠕动音微弱，以后完全消失。病的后期由于肠管麻痹，虽腹痛缓解，而全身症状恶化，预后多不良。病程可由数小时到数天，重症时3~4小时即可死亡。

图3-8-2 病羊精神痛苦、目光凝视

【预 防】 针对病因，加强饲养管理。

【治 疗】 原则是镇痛和恢复肠道的正常位置。肠套叠一旦发生，就会引起急性肠梗阻，后果非常严重。应尽快确诊，进行手术整复。这里仅简述肠套叠的手术疗法。最有效的疗法为施行开腹整复术。

术后将羊放在安静清洁而干燥的隔离室，给予适量的温水与流食。避免给予泻剂及任何可以增强肠蠕动的药品，以防肠管断裂与粘连。第 2～3 天有的羊体温略升，精神萎靡，食欲不振，此为肠炎表现，可给予消炎收敛制酵剂。第 3 天可开始给予青草，但应避免给多蛋白饲料。

九、支气管炎

支气管炎是支气管黏膜表层或深层的炎症，常以重剧咳嗽及呼吸困难为特征，多发生于冬春两季。根据病程可分为急性和慢性两种。

【病　因】　急性支气管炎主要是受寒感冒，支气管黏膜充血（图 3-9-1），黏膜缺血而防御功能降低，为感染创造了适合的条件；吸入含有刺激性的物质，如氨气、二氧化硫、霉菌孢子、尘埃、烟及有毒的气体；误咽液体或饲料，都是原发性支气管炎的病因。本病也可继发于喉、气管、肺的疾病或某些传染病（口蹄疫、羊痘等）与寄生虫病（肺丝虫）。

慢性支气管炎常由急性支气管炎的病因未能及时除去延续而来，或继发于全身及其他器官疾病。

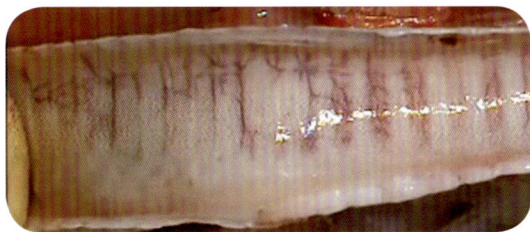

图 3-9-1　支气管黏膜充血

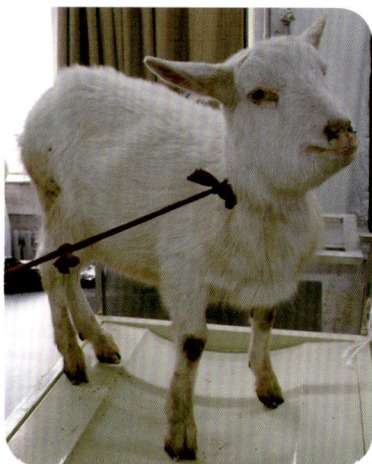

图 3-9-2　病羊咳嗽

【临床症状】 急性支气管炎症的主要症状是咳嗽（图 3-9-2）。病初呈干、短并带疼痛的咳嗽，以后变为湿性长咳，痛感减轻，有时咳出痰液，同时鼻腔或口腔排出黏性或脓性分泌物。胸部听诊可听到啰音。体温一般正常，有时升高 0.5～1℃，全身症状较轻。若炎症侵害范围扩大到细支气管，则呈现弥漫性支气管炎的特征。全身症状重剧，体温升高 1～2℃，呼吸急速，呈呼气性呼吸困难，可视黏膜发绀，有弱痛咳。

慢性支气管炎也是以咳嗽、流鼻、气管敏感和肺部啰音为特征。体温正常，无全身变化。由于病期拖长和反复发作，病羊日渐消瘦和贫血，直至极度衰竭而死亡。

【防　治】

（1）首先要加强饲养管理，排除致病因素。给病羊以多汁、营养丰富的饲料和清洁的饮水。圈舍要宽敞、清洁、通风透光、无贼风侵袭，防止羊受寒感冒。

（2）在治疗上，祛痰可口服氯化铵 1～2 克，酒石酸锑钾 0.2～0.5 克，碳酸铵 2～3 克。其他如吐根酊、远志酊、复方甘草合剂、杏仁水等均可应用。止喘可肌内注射 3% 盐酸麻黄素 1～2 毫升。慢性气管炎常用下列处方：盐酸氯丙嗪 0.1 克，盐酸异丙嗪 0.1 克，人工盐 20 克，复方甘草合剂 10 毫升，一次灌服，每天1次，连用1~2次。

（3）控制感染，以使用抗生素及磺胺类药物为主。可用10%磺胺嘧啶钠10~20毫升肌内注射，也可内服磺胺嘧啶0.1克/千克体重（首次加倍），每天2~3次。肌内注射青霉素20万~40万单位或链霉素0.5克，每天2~3次。直至体温下降为止。

（4）中药治疗，可根据病情，选用下列处方：①杷叶散。主要用于镇咳。杷叶6克、知母6克、贝母6克、冬花8克、桑皮8克、阿胶6克、杏仁7克、桔梗10克、葶苈子5克、百合8克、百部6克、生草4克，煎汤，候温灌服。②紫苏散。止咳祛痰。紫苏、荆芥、前胡、防风、茯苓、桔梗、生姜各10~20克，麻黄5~7克，甘草6克，煎汤，候温灌服。

十、肺　炎

绵羊与山羊均可患肺炎，以在绵羊引起的损失较大，尤其是羔羊。

【病　因】

（1）因感冒而引起：如圈舍湿潮，空气污浊，而兼有贼风，即容易引起卡他性鼻炎及支气管炎，如果护理不周，即可发展成为肺炎。

（2）气候剧烈变化：如放牧时忽遇风雨，或剪毛后遇到冷湿天气。严寒季节和多雨天气更易发生。

（3）羊抵抗力下降：在绵羊并未见到病原菌存在，但当抵抗力减弱时，许多病原菌可趁机发生作用。

（4）异物入肺：吸入异物或灌药入肺，都可引起异物性肺炎（机械性肺炎）。灌药入肺多由于灌药过快，或者由于羊头抬得过高，同时挣扎反抗。例如，对鼓胀病灌服药物时，由于羊呼吸困难，最容易挣扎而发生问题。

（5）肺寄生虫引起：如肺丝虫的机械作用或造成营养不良而发生肺炎。

（6）继发于其他疾病（如出血性败血病、假结核等）：往往因病羊长期偏卧一侧，引起一侧肺的充血而发生肺炎。一旦继发肺炎，致死率常比原发疾病为高。

【临床症状】　症状因病因的性质而异。其发展速度大多很慢，但在小羊偶尔也有急性的。初发病时，病羊精神迟钝，食欲减退，体温升高达 40～42℃，寒战，呼吸加快（图 3-10-1），

图 3-10-1　病羊呼吸困难

心悸亢进，脉搏细弱而快，眼、鼻黏膜变红，鼻无分泌物，常发干而痛苦的咳嗽音。以后呼吸愈见困难，表现喘息，终至死亡。常在 1 周左右死亡，死亡率高低不定。

【病理变化】　病灶很显著，可见喉部充血，气管与支气管发炎，内含白色或淡红色泡沫或脓液。肺部硬而呈黑红色，摸起来很像肝脏。病灶有时限于一侧，有时可波及两侧。或为扩散性，或为局限性，严重时其他器官也发生病灶。胸膜可能附着在肺上，胸腔内常含有相当量的淡红色液体（图 3-10-2）。慢性进行性肺炎，肺上常见有坚硬的灰色病灶。

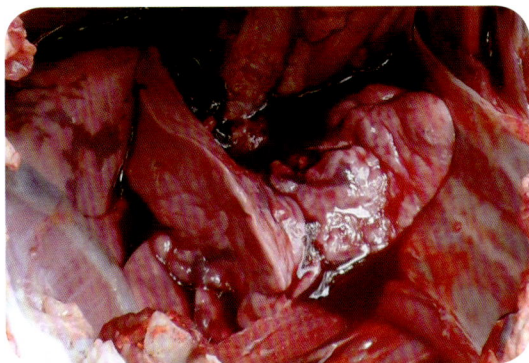

图 3-10-2　胸膜附着在肺上，胸腔内含有大量的淡红色液体

【诊　断】　根据呼吸症状很容易认识肺炎，但要确定病因却比较困难，必须由实验室检查来帮助诊断。

【预　防】

（1）加强调养管理，这是最根本的预防措施。为此应供给富含蛋白质、矿物质、维生素的饲料；注意圈舍卫生，不要过热、过冷、过于潮湿，通气要好。在下午较晚时不要让羊洗浴，因没有晒干机会。剪毛后若遇天气变冷，应迅速把羊赶到室内，必要时还应给室内生火。

（2）远道运回的羊，不要急于喂给精饲料，应多喂青饲料或青贮料。

（3）对呼吸系统的其他疾病要及时发现，抓紧治疗。

（4）为了预防异物性肺炎，灌药时务必小心，不可使羊嘴的高度超过额部，同时灌入动作要缓慢。一遇到咳嗽，应立刻停止。最好使用胃管灌药，但要注意不可将胃管插入气管内。

（5）由传染病或寄生虫病引起的肺炎，应集中力量治疗原发病。

【治　疗】

（1）将病羊放在清洁、温暖、通风良好但无贼风的羊舍内，保持安静，喂给容易消化的饲料，经常供应清水。

（2）采用抗生素或磺胺类药物治疗，病情严重时可以两种同时应用。即在肌内注射青霉素或链霉素的同时，内服或静脉注射磺胺类药物。使用四环素或卡那霉素，则疗效更为满意。①四环素50万单位，糖盐水100毫升溶解，一次静脉注射，每天2次，连用3～4天。②卡那霉素100万单位，一次肌内注射，每天2次，连用3～4天。

（3）对症治疗：根据病羊不同表现，采用相应的对症疗法。例如，当体温升高时，可肌注安乃近2毫升或内服阿司匹林1克，每天2～3次。当发现干咳、有稠鼻液时，可给予氯化铵2克，分2～3次，1天服完。还可以按下列处方给药：磺胺嘧啶6克、小苏打6克、氯化铵3克、远志末6克、甘草末6克，混合均匀，分为3次灌服，1天用完。当呼吸十分困难时，可用氧气腹腔注射。此法简便而安全，能够提高治愈率。剂量按100毫升/千克体重计算。注射以后，可使病羊体温下降，食欲及一般情况有所改善。虽然在注射后第一昼夜呼吸频率加快（41～47次），呼吸深度有所增加，但经过2～3天后可以恢复正常。为了强心和增强小循环，可反复注射樟脑油或樟脑水。如有便秘，可灌服油类或盐类泻剂。

十一、中　暑

羊中暑症是日射病、热射病的统称。日射病是因羊的头部被日光直射，引起脑及脑膜充血的急性病变；热射病是因天气潮湿闷热，机体产热大于散热，使体内积热而引起中枢神经系统紊乱的疾病。

【病　因】　一是夏季天气炎热，日照强烈，阳光直晒头部引起日射病。二是由于外界温度过高，羊舍内潮湿、闷热、拥挤、狭小，或车船运动时通风不良，热在体内蓄积导致热射病。

【临床症状】　病羊初期表现精神极度沉郁，食欲减退或废绝，步态不稳，摇晃不定，心跳亢进。脉搏快速而弱，呼吸次数增多，呼吸困难，体温升高，可视黏膜潮红（图3-11-1），肌肉震颤，全身出汗；有的在发病后出现兴奋状态。后期常因虚脱而卧地不起，或突然倒地不动，呈昏迷状态（图3-11-2），最后因心脏麻痹发生死亡。

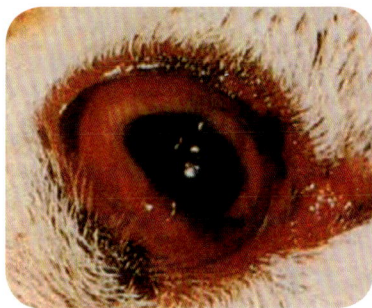

图 3-11-1　眼结膜潮红

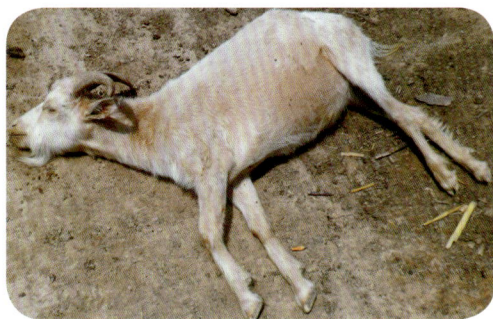

图 3-11-2　病羊卧地不起，呈昏迷状态

【预　防】　夏季天气炎热，要做好羊舍的防暑降温工作，严禁中午放牧，午间休息时到阴凉处或树荫下。还要保证充足的饮水。

【治　疗】　发现病羊立即将羊移到通风良好的阴凉处，用凉水浇头及全身，或用凉水灌肠。当病羊昏迷不醒时，可于颈静脉放血，放血量视病羊大小及身体状况而定，一般放血 80~100 毫升，放血后进行补液，静脉注射氯化钠注射液 500~1 000 毫升；病羊心脏衰弱或严重水肿时，应静脉注射 10% 安钠咖 4 毫升。

十二、尿道结石

体腔中存在有石样结块时称为结石。结石发生于膀胱及尿道的，称为膀胱结石及尿道结石。公羊及阉羊容易发生，母羊很少见。

【病　因】　结石形成一般与以下因素有关：

（1）与尿道的解剖构造有关系。公母羊的尿道在解剖上有很大差别。公羊及阉羊的尿道是位于阴茎中间的一条很细长的管子，而且有"S"状弯曲及尿道突，结石很容易停留在细长的尿道中，尤其是更容易被阻挡在"S"状弯曲部或尿道突内。母羊的尿道很短，膀胱中的结石很容易通过尿道排出体外。

（2）与饲料中的营养不全和矿物质不平衡有密切关系：①饮水中含有大量盐类。②喂给大量棉籽粉、亚麻仁籽粉、麸皮及其他富磷饲料。③缺乏维生素 A。④年轻种公羊配种过度而且吃食盐过多时，容易发病。

【临床症状】 泌尿系统存有少量细砂粒时，没有多大妨害，但若堆积量太多，使排尿部分或全部障碍时，就会显出症状。病羊最初性欲减退，精神委顿，食欲减少，头抵墙壁（图3-12-1）。体温一般为 39.8～41.2℃。小便失禁，尿液不时呈点滴下流，尿道外口周围的毛上可能有盐类堆积，由于尿液的浸润，包皮明显肿胀。以后阴茎根部发炎肿胀，随时频繁做排尿状，不断发出呻吟声，不时起卧。有时双膝跪地；有时呈犬坐式；有时又表现似睡非睡状态；有时头部回顾腰角部，甚至用角抵胁腹部。病羊行走十分困难，强迫行走时，后肢勉强做短步移动。如果腹腔内积有尿液，则有腹水症状。若尿继续留滞不通或膀胱破裂时，即引起尿毒血症。到后期时，食欲完全停止，尾下方臀端呈现水肿，有尿酸气。脉搏加快，每分钟达100 次以上，最后卧地不起，发生死亡。

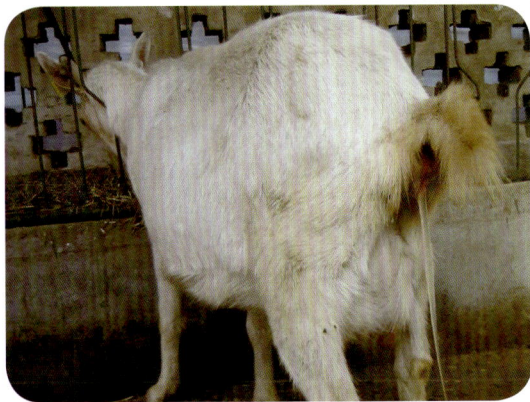

图 3-12-1　病羊精神委顿、头抵墙壁

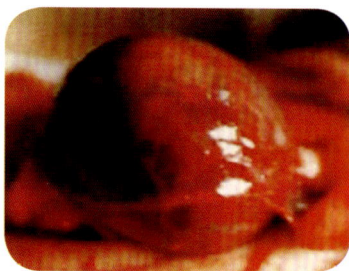

图 3-12-2　膀胱高度充盈

【病理变化】 病变集中表现在泌尿生殖系统。肾脏及输尿管肿大而充血，甚至有出血点。膀胱因积尿而膨大（图3-12-2），剖开时见有大小不等的颗粒状结石，黏膜上有出血点。尿道起端及膀胱颈被结石堵塞（图3-12-3）。

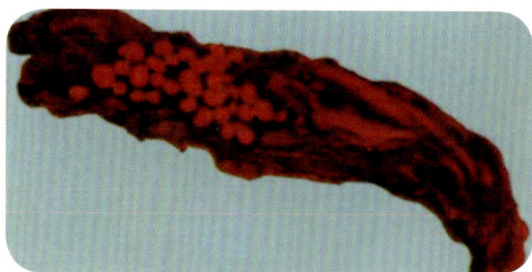

图 3-12-3　尿道内积聚许多黄豆粒和砂粒大的结石

【预　防】

（1）对于舍饲的种公羊，可从饲养管理上进行预防，如增强运动、供给足量的清洁饮水等。在饲料方面，应供给优质的干苜蓿，因其含有大量维生素A，同时能够供应钙质，以调整麸皮和颗粒饲料中含磷过多的缺点。但应注意的是，干苜蓿如果喂量过大，则钙量超过磷量，同样会造成矿物质的不平衡而发生不良后果。如果没有苜蓿干草，应给精料中加入1%～2%的骨粉或碳酸钙。

（2）如果怀疑钙摄入量过大，例如饮水中矿物质含量高，或饲料中含钙量大，可以供给谷类籽实进行校正，因为谷类籽实中含的钙少磷多。

（3）当改变饲料之后还不能制止发病时，可以禁食几天，或给予谷类干草、谷类籽实及肉粉组成的日粮，也可以每天内服氯化铵 10～15 克，连服 1 周左右，使尿变为酸性。

（4）饮磁化水，水经磁化后溶解力增强，不仅能预防结石的形成，而且可使结石疏松而排出。

【治 疗】

（1）立即改变饲养管理：主要是减去食盐及麸皮，单纯给予青草。给饲料中加入黄玉米或苜蓿。

（2）中药疗法：羊的结石与牛的完全不同，多不是大块，而是小颗粒，故采用以下中药，便可能溶解排出。中药处方：桃仁 12 克、红花 6 克、归尾 12 克、赤芍 9 克、香附子 12 克、海金沙 15 克、金钱草 30 克、鸡内金 6 克、广香 9 克、滑石 12 克、木通 18 克、萹蓄 12 克，将以上各药碾细，共分 3 次，开水冲灌。每次用药时加水 500 毫升左右，以增加排尿。

（3）为了控制体内细菌的危害，可以注射青霉素。

（4）发生尿道结石而尿液不通时，可用下列二法除去结石：①小心用尿道探子移动结石或施行尿道切开或膀胱切开术，将结石取出。②割去阴茎末端的尿道突。

第四章 外科病

一、创 伤

（一）撕 裂 创

【病　因】　撕裂创或称裂创，是由钩、钉等物的钝性牵引所造成。

【临床症状】　创形不整齐，组织发生撕裂或剥离，创缘呈现不正的锯齿状，创腔深浅不一，创壁和创底凹凸不平，存在有创囊和组织碎片，创口很大，出血很少，羊只剧烈疼痛（图4-1-1）。

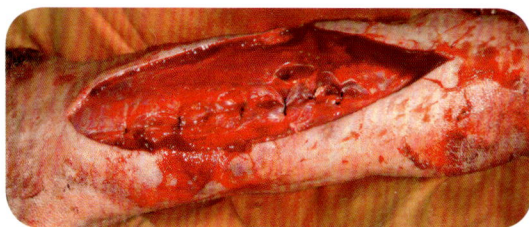

图 4-1-1　撕裂创

【治 疗】

（1）首先用灭菌纱布遮盖创面，剪除创围被毛。用冷生理盐水或消毒液洗涤创围和创面，用镊子除去创面上的毛发和凝血块，并用 75% 酒精棉球擦拭干净。

（2）创面撒以青霉素粉或 1:9 碘仿磺胺粉；创围涂以凡士林，盖上脱脂棉或纱布。

（3）对严重的撕裂创，在清洗、消毒之后，应修正创缘、创壁，撒以抗菌药粉，进行缝合。

（4）在炎热季节，应给创伤外部施用驱蝇防腐剂，以防止发生蝇蛆病。

（二）刺 伤

【病 因】 刺伤一般是由于尖钉、尖桩或其他尖锐的东西刺入皮肤和肌肉而形成的。

【临床症状】 创口小，创道狭而长，常伴发深部组织内出血，或形成血肿。当致伤异物在创道内折断而存留时，易形成化脓性窦道，或引起厌氧菌感染（图 4-1-2）。

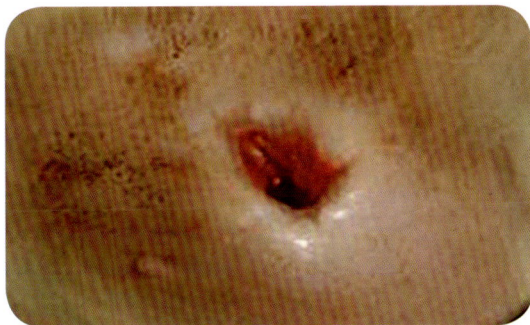

图 4-1-2 刺伤

【治　疗】　深部刺伤非常危险，绝不可因为看到只是一个小孔而认为无关大局，随便对表面清洗擦干了事，因为这种伤口给细菌的侵入开了方便之门，最危险的是容易继发破伤风。应该在拔除异物之后，给伤口内注入0.1%高锰酸钾或3%过氧化氢进行彻底消毒，然后给创道内灌注5%碘酊或抗生素液。

（三）急性出血

【病　因】　多发生于意外的刺伤、摔伤、砸伤、车祸等，山羊常由于跳越带刺篱笆和冲击而引起。

【临床症状】　羊的体表有血液污染现象。严重者脉搏细弱，呼吸浅表，可视黏膜苍白，血压和体温下降。

【急　救】　迅速查明出血部位，采取局部和全身止血措施，以防止发生出血性休克。止血之后，根据具体情况采取相应处理。处理的难易与出血部位有关。

（1）如果发生在四肢，比较容易处理，应用止血带即可。如果出血严重，为了防止失血过多，应采用填塞止血法。止血带使用时间不能太长，应每隔15分钟左右放松1次再缠扎。如已止血，应进行消毒，撒上磺胺粉，并施用绷带。

（2）其他部位出血时，止血比较困难，原则是用清洁棉直接压迫止血。如果严重，可采取缝合措施，对小伤可用药棉填塞。

（四）电　击

【病　因】　电击又称电休克，是由于羊接触高压电流所引起，多发生于意外情况下，绵羊和山羊都有可能发生。

【临床症状】 一般都发生严重烧伤甚至休克，多数迅速死亡。个别情况下羊失去知觉，体表有烧焦的痕迹，经一定时间后恢复知觉，但留有神经后遗症。

【预　防】 用电设施应该设在羊的放牧区以外，且位置要高。

【急　救】

（1）在接触电击羊之前，必须先切断电源。

（2）对幸存的羊应进行心脏按摩刺激，并采用供氧疗法。给予利尿剂和支气管扩张剂，但禁用强心剂。

（3）对羊体保温。为此应多铺垫草，并盖以麻袋或毛毯。

二、脓　肿

脓肿是急性感染过程中，组织、器官或体腔内，因病变组织坏死、液化而出现的局限性脓液积聚，四周有一完整的脓壁。常见的致病菌为金黄色葡萄球菌。脓肿可原发于急性化脓性感染，或由远处原发感染源的致病菌经血流、淋巴管转移而来。往往是由于炎症组织在细菌产生的毒素或酶的作用下，发生坏死、溶解，形成脓腔，腔内的渗出物、坏死组织、脓细胞和细菌等共同组成脓液。由于脓液中的纤维蛋白形成网状支架才使得病变限制于局部，令脓腔周围充血水肿和白细胞浸润，最终形成肉芽组织增生为主的脓腔壁。脓肿由于其位置不同，可出现不同的临床表现。

【病　因】 金黄色葡萄球菌侵入组织或血管内所致。

【临床症状】

（1）浅部 脓肿表现为局部红、肿、热、痛及压痛，继而

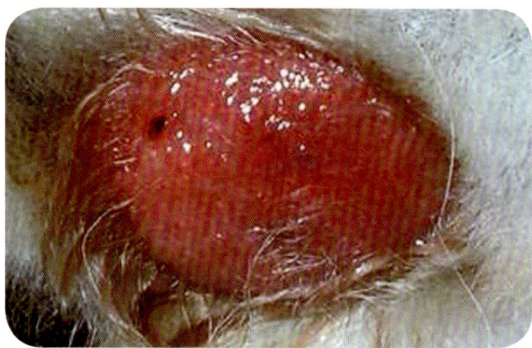

图 4-2-1　皮肤脓肿

出现波动感（图 4-2-1）。

（2）**深部**　脓肿为局部弥漫性肿胀、疼痛及压痛，波动不明显，穿刺可抽出脓液。

【**诊　断**】　有急性化脓性感染病史；局部红肿疼痛且有波动感，穿刺有脓液；全身症状有发热、乏力等；白细胞计数增高；深部脓肿经 B 超检查可呈液性暗区。

【**治　疗**】

（1）及时切开引流，切口应选在波动明显处，切口应够长，并选择低位，以利引流。深部脓肿，应先行穿刺定位，然后逐层切开。

（2）术后及时更换敷料。

（3）全身应选用抗菌消炎药物（头孢唑啉钠）治疗。伤口长期不愈者，应查明原因。

三、休　克

休克不是一种独立的疾病，而是神经、内分泌、循环、代谢等发生严重障碍时在临床上表现出的症候群。其中以循环血液量锐减、微循环障碍为特征的急性循环不全，是一种组织灌注不良，导致组织缺氧和器官损害的综合征。

【病　因】　包括失血与失液、烧伤、创伤、感染、过敏、急性心力衰竭、强烈的神经刺激。临床上将休克分为低血容量性休克、创伤性休克、中毒性休克、心源性休克、过敏性休克。

【临床症状】　休克的初期主要表现兴奋状态，也称之为休克代偿期。动物表现兴奋不安，血压无变化或稍高，脉搏快而充实，呼吸增加，皮温降低，黏膜发绀，无意识地排尿、排粪。这个过程短则几秒钟即能消失，长者不超过 1 小时，所以在临床上往往被忽视。继兴奋之后，动物出现典型沉郁、食欲废绝、不思饮食，或对痛觉、视觉、听觉的刺激全无反应，脉搏细而间歇，呼吸浅表不规则，肌肉张力极度下降，反射微弱或消失，此时黏膜苍白、四肢厥冷、瞳孔散大、血压下降、体温降低、全身或局部颤抖，出汗，呆立不动，行走如醉，此时如不抢救，能导致死亡（图 4-3-1）。

图 4-3-1　休克病羊

【诊　断】　根据临床表现，诊断并不困难。但必须了解，休克的治疗效果取决于早期诊断，待患畜已发展到症状明显阶段再去抢救，则为时已晚。若能在休克前期或更早地实行预防或治疗，可提高治愈率。

【治　疗】

（1）消除病因　要根据休克发生不同的原因，给予相应的处置。如为出血性休克，关键是止血，同时迅速地补充血容量；如为中毒性休克，要尽快消除感染原，对化脓灶、脓肿、蜂窝织炎要切开引流。

（2）补充血容量　对贫血和失血病例，输给全血是需要的。还要根据需要补给血浆、生理盐水或右旋糖酐等。

（3）改善心脏功能　当中心静脉压高、血压低，为心功能不全的表示，采用可提高心肌收缩力的药物，如异丙肾上腺素和多巴胺是首选药物。大剂量的皮质类固醇能促进心肌收缩，降低周围血管阻力，有改善微循环的作用，并有中和内毒素作用，较多用于中毒性休克。中心静脉压高，血压正常，心率正常，是容量血管过度收缩的结果，用氯丙嗪可解除小动脉和小静脉的收缩，纠正微循环障碍，改善组织缺氧，从而使休克好转，适用于中毒性休克、出血性休克。

（4）调节代谢障碍　对轻度的酸中毒给予生理盐水；中度酸中毒则须用碱性药物，如碳酸氢钠、乳酸钠等；发生严重的酸中毒或肝受损伤时，不得使用乳酸钠。

外伤性休克常合并有感染，因此在休克前期或早期一般常给予广谱抗生素。如果同时应用皮质激素，要加大抗生素用量。对休克羊要加强管理，指定专人护理，使其保持安静，要注意保温，但也不能过热，应保持通风良好，给予充分饮水。输液时使液体保持同体温相同的温度。

四、风　湿

本病是关节或肌肉的一种反复发作的疼痛性炎症。

【病　因】　羊舍较长时期的潮湿、阴冷、空气污浊，或者羊受到贼风侵袭、阴雨淋浇，都容易诱发本病，但真正原因还不完全清楚。目前一般认为与溶血性链球菌感染有关，也有人认为是由于饲料不适宜，使羊体内产酸过多，或者身体某一部分不能将废物排出而引起发病。

【临床症状】　有全身发生的，也有局部发生的。一般表现四肢僵硬，行动不便，或者呈"十"字形跛行（图4-4-1）。有时关节肿大，体温升高。急性病例常突然跌倒，不能起立。发生于颈部时，头偏向一侧，颈部不能自由运动。如为肌肉风湿，可摸到患部肌肉发硬。

图4-4-1　风湿病羊

【诊　断】　在诊断时，应注意以下两个特点：一是患病部位并不局限于一处，常有游走性，而且多侵害后肢，故常有腰部发硬表现。二是跛行特点是步子短，步态僵硬。在开始行走时跛行显著，行走一段之后跛行减轻，甚至很不明显。

本病应注意与脑脊髓丝状虫病、钙缺乏及破伤风相区别。

（1）风湿病：发病过程，先是跛行，只有急性者突然卧地不起。患肢特点，肌肉紧张发硬，有转移性，按压局部时有疼痛反应。体温，急性时升高。食欲，急性时食欲减少。

（2）脑脊髓丝状虫病：发病过程很突然。患肢特点，不紧张、不发硬、不转移，按压肌肉时无疼痛反应。体温，不升高。食欲，不受影响。

（3）钙缺乏：发病过程，由不明显跛行到明显跛行，卧地时已很消瘦。患肢特点，不硬不紧张，有时可看到四肢变形，关节变大。体温，不升高。食欲，逐渐减少。

（4）破伤风：发病过程，发展快。患肢特点，四肢直伸，关节不能屈曲。体温，不升高。食欲，迅速减少到完全废绝，牙关紧闭。

此外，还要考虑季节性和地方性。例如，脑脊髓丝状虫病的季节性很强，大部分都发生于7~10月间蚊子多的时候；风湿病多见于秋冬湿冷的情况下，无蚊子时同样可以发生；钙缺乏及破伤风均无明显的季节性。只要是饲料缺钙或钙磷比例失调时间较长，即可发生钙缺乏病，而且常为地方性疾病（地下水位高，土壤缺钙）。

【治　疗】　本病在春秋多发，多因风、寒、湿的侵袭使肌肉、肌腱、关节等部位呈现疼痛。急性发作多突然发病，有的伴有体温升高，病羊卧多立少，可选用以下治疗方法：

（1）激素治疗法：25%醋酸可的松，肌肉注射，每天1次，连用3～5天。

（2）穴位注射维生素疗法：可选两侧关元、腰中、肾棚等穴位，每个穴位注射维生素 B_{12} 5毫克，每天1次，3次为1个疗程，一般1个疗程即可痊愈。

（3）液状石蜡热疗法：将液状石蜡250～1 000毫升装入热水袋内，放入90℃热水盆中加热15分钟，把液状石蜡袋绑在百会穴上，每次2小时，每天1次，直至痊愈。

（4）酒糟、醋麸灸法：将酒糟炒热，装入布袋或麻袋内，敷于患部，每天1～2次，或用醋炒麸皮（麸皮3千克、醋1千克充分拌匀），炒至烫手，装入麻袋内，热敷患部并将病羊置于温暖舍内。

（5）中药疗法：中兽医治疗风湿的方剂很多，如独活散、通经活络散、巴戟散、祛风除湿散、五虫四藤汤、乌地灵散等均有较好的效果。

治疗风湿症要根据实际情况，就地选材，因地制宜确定治疗方案，在成本最低的情况下治愈本病，另外还有温针疗法、艾条燃灸法、针灸疗法、自家血疗法、静脉注射疗法等。

五、骨 折

骨折常见于山羊，因为山羊比绵羊活泼，喜欢乱跳及狂奔。公羊较母羊多发。

【病　因】 山羊狂奔时，将后肢夹入树枝之间而折断，多见于放牧时期，尤其是公羊在放牧中遇到其他羊群在旁边走过时最易发生。无论绵羊或山羊，在抵架时都容易引起骨折。

【临床症状】 山羊骨折常发生于后肢，而且多为单纯的完全骨折。主要是因为这些部位缺乏肌肉层的保护。山羊后肢骨折的特征是：病羊突然倒卧不起，或者悬起断肢，其余三肢负担体重而呆立不动。病羊精神稍差，在刚发生之后由牧地赶回时，由于断肢不能负重而行走困难，可见口吐白沫、呼吸急促，但在休息十余分钟之后，即可好转。

骨折部分发生带痛的肿胀，且常伴发皮肤损伤，但出血极轻微。若用手按摸骨折部分，可以听到断端摩擦音（图 4-5-1）。

图 4-5-1 骨折病羊

【治　疗】

（1）清洗消毒：用消毒液洗净受伤部及创伤周围的皮肤，涂以碘酒，以防细菌感染。

（2）正确复位：整复骨折部分，使断端接合良好。如果是脱臼，找准部位，按正常方位，用力推、拉、压的整复法，一次整复还原，即可手到病除。

（3）合理固定：用硬纸剪成长条，宽度根据骨折部的粗细，在腿的四面（前、后、内、外）各放一条，然后用绷带紧紧缠住，以保护伤口及固定折断部分。在使用绷带以前，应该在压力特别大的地方垫以棉花或麻屑。为了固定良好，可以给绷带外面涂以松木油，使其变硬。

（4）加强护理：在治疗初期，应将羊关在舍内，不让其过多活动，或者只允许在运动场里走动，绝对不可放牧。待病肢可以着地时，让其在羊舍周围自由活动，促进及早恢复正常行动。

（5）药物治疗：除了整复、固定和加强护理以外，还必须正确处理局部与整体的关系，做到外治与内治相结合，以加速骨折愈合。例如可以内服中药接骨散或静脉注射氯化钙溶液。

接骨散处方：血竭 60 克、乳香 30 克、没药 30 克、川断 30 克、煅自然铜 30 克、当归 15 克、土鳖 60 克、南星 15 克、红花 15 克、川羊膝 30 克，共为细末，分为 3 次，开水冲调候温灌服，每天 1 次。每次加白酒 30 毫升。

六、眼 病

羊眼病一年四季均可发生，以夏秋季最易感染和流行，且传染很快，多呈地方性流行。各种羊均可发病，发病率高达 90% ~ 100%。

【临床症状】 病羊表现为眼睑肿胀、有脓性分泌物，流眼泪，怕见光。初发病时，可见角膜浑浊，呈灰白色半透明状或乳白色不透明状（图 4-6-1）。这种症状一般先从角膜的边缘

开始，逐渐向眼睛的中央发展；最后可使羊的视力完全丧失。如果在流行季节予以预防或发病后及时治疗，羊眼病是可以控制和治愈的。

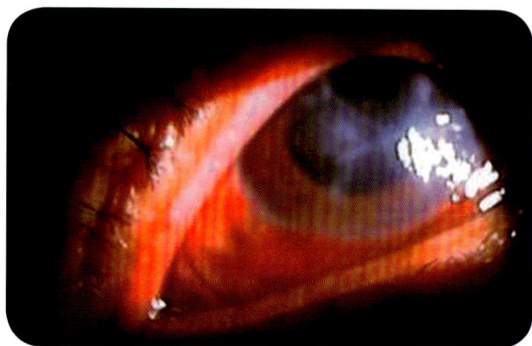

图4-6-1　角膜炎和结膜炎

【治　疗】

（1）先用1%～2%硼酸水溶液冲洗眼部，待洗干净后涂搽四环素眼药膏。每天早、晚各1次，连用数天。

（2）用青霉素、链霉素各100万单位，加注射用水20毫升调制成清洗剂，冲洗眼部，每天2～3次。同时，肌内注射青霉素和链霉素各80万单位，每天2次，连用3～4天。

（3）内服中药"决明汤"：取石决明、草次明、没药、郁金、黄药子、白药子、黄连、大黄、黄芩、枝子、黄芪各10克，加适量清水共煎取汁后，再加适量清水煎1次，然后将2次药汁合在一起，每天分2次趁温热灌服。此汤每天用1剂，连用3剂即可治愈。

七、蹄 病

（一）蹄 脓 肿

本病是蹄壳真皮的一种非化脓性传染病。主要特征是蹄部肿烂，发生进行性坏死，引起蹄匣脱落。绵羊和山羊都可发生。一般继发于未及时治疗的腐蹄病，但也可以是原发性的。

【病　原】　通常为坏死梭形杆菌和化脓棒状杆菌。这些细菌可通过蹄壳的小裂缝或草籽创伤而进入蹄内。

【流行特点】　在干燥环境下不发生传染，潮湿环境容易促进传染的扩散。例如，长期把羊圈养在冷湿环境或潮湿发酵的褥草上，运动不足，蹄不清洁以及有损伤等，都是蹄脓肿发生的有利因素。

【临床症状】　病羊主要表现为跛行，蹄部有疼痛反应。

检查蹄部时，可发现蹄上部（蹄冠）发热、肿胀而变软，发红或腐烂，有时伴有湿疹，羊有疼痛反应。一旦脓肿破裂，则疼痛减轻。更严重时，蹄间腐烂，流出灰白色脓汁，恶臭，甚至蹄匣脱落。

检查病羊蹄部病理变化过程，最初趾部充血，角质发生湿性表面坏死；几天以后，坏死扩延到蹄踵部及蹄壳真皮；到了后期，蹄壁下部出现一层灰色坏死组织，造成蹄壁脱离。

【预　防】

（1）平时加强蹄部护理，不要把羊圈养在低湿环境及潮湿褥草上；保证充分运动；经常修剪蹄子，及时除去蹄间的夹杂物。

（2）对新引进羊应进行检疫，先隔离一段时期，对蹄部经检查及必要的处理以后，再放入羊群内。

（3）当羊群内发现本病时，应立刻隔离病羊，给其余羊清洗蹄部并用1%~2%硫酸铜溶液浸浴1~2分钟，达到预防目的。浸浴最好在药浴池内进行。

（4）有条件时注射腐蹄病疫苗，效果更好。

【治　疗】　本病如不治疗，病期往往拉得很长。

（1）在有炎症和湿疹时，应用温浓盐水或浓醋加等量冷水洗浴，然后涂以碘酒。也可以用2%苯酚浸浴蹄部，然后涂以松馏油。疼痛剧烈而严重跛行者，可用2%普鲁卡因10毫升、青霉素20万单位进行低掌封闭；如连续注射青霉素5天，每天6毫升（30万单位/毫升）效果更好。也可以用土霉素代替青霉素。

（2）起初由蹄表面向内腐烂、坏死时，可先用清水洗去泥土，然后用温的10%硫酸铜浸洗，每天1次，每次2~3分钟，直到痊愈为止。如果用30%硫酸铜浸洗，每隔2~3天1次，连洗3次，疗效更好。也可以用10%福尔马林溶液浸洗蹄部，每次10分钟以上。若以上方法见效慢，可以小心除去蹄壳，涂布魏氏软膏，包扎绷带，精心护理。

（3）遇到化脓情况时，可将病羊隔离到干燥处，用小刀切开患部，将脓液排干净，然后用消毒液洗涤，吹入消炎粉，裹上绷带，每2~3天重复1次，直到痊愈为止。还可以局部涂搽青霉素水油乳剂或青霉素–凡士林软膏。

清洗伤口所用消毒液，在起初剧烈时可用10%硫酸铜溶液，等坏死组织消除后改用0.1%高锰酸钾溶液，以免腐蚀新生的肉芽组织，影响痊愈。

（二）绵羊趾间皮肤炎

本病的特征是趾间发红而湿润，很像烫伤后的创面，故俗称"烫伤"。

【病　因】　通常有坏死梭形杆菌存在，但确实病原未完全清楚。

【临床症状】　病羊趾间发红、发炎而疼痛（图4-7-1），严重时导致绵羊跛行。有时可使皮肤浸润，但无臭味和脓汁。如不及时治疗，可发展成腐蹄病或蹄脓肿。

【治　疗】　可以对患部喷涂广谱抗生素，如土霉素，或者用10%甲醛或10%硫酸铜进行蹄浴，然后迁移到清洁的草场。

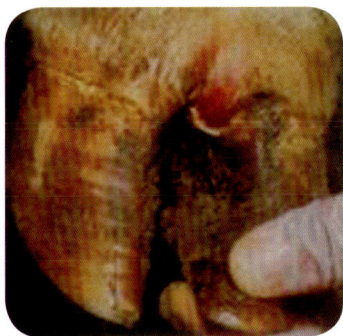

图4-7-1　病羊趾间发炎

（三）蹄　叶　炎

蹄叶炎是角质蹄壁下层和蹄底肉样血管组织的一种急性或慢性炎症，多发生于奶山羊，其发病率可高达10%以上。

【病　因】　急性蹄叶炎多发生于分娩时或突然变换饲料之后，或者伴发于肠毒血症、肺炎、乳房炎、子宫炎或过敏反应等情况下。慢性蹄叶炎常发生于过食精料或肠毒血症轻度发作之后。

【临床症状】 急性蹄叶炎通常于分娩后与子宫炎同时发生。病羊体温升高，达41℃左右，强迫起立和行走时，表现极度痛苦，触摸蹄时有热感。这种蹄叶炎通常很少与肺炎或急性严重过敏反应同时发生。

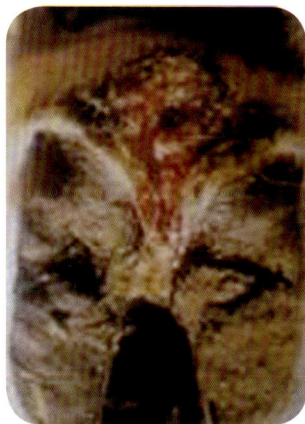

图4-7-2　蹄叶炎

在奶山羊更为常见的是慢性隐性发作的蹄叶炎。因此，只有在蹄部发育不正常和不愿行走时才能发现。由于病羊长期站立，常导致蹄匣向上卷曲而变为"雪橇蹄"，或者由于病蹄一半负重，导致蹄底一侧显著增厚，而无法全面着地（图4-7-2）。由于病羊前蹄疼痛，常跪地休息和吃草，或者跪下做转圈运动。长期跪地和不能运动可造成前胸狭窄，食欲减少，因而病羊逐渐消瘦，产奶量大为降低。

【预　防】

（1）蹄叶炎是高产而管理粗放的奶山羊群的大患。为了使奶山羊达到最高生产能力而不发生慢性蹄叶炎，必须重视精细饲养管理，特别要避免突然给予大量精饲料。

（2）定期修剪蹄部，使其正常负荷体重和进行运动。

（3）有计划地定期接种肠毒血症菌苗。

【治　疗】 奶山羊的急性蹄叶炎往往难以治愈，必须抓紧时间，采用综合疗法。

（1）采用对蹄子有益的温包法。用热酒糟、醋炒麸皮等

（40～50℃）温包病蹄，每天 1～2 次，每次 2～3 小时，连用 5～7 天。

（2）抗组织胺疗法，注射苯海拉明 2～3 毫升，并结合静脉注射电解质，以利毒物的排出。

（3）当子宫有感染时，应给子宫内灌注 10 份等渗盐水和 1 份过氧化氢溶液，促使腐败物从子宫排出，然后灌注抗生素。

（4）对发生难产的羊，应及时使用缩宫素，帮助子宫复归。产后 24～36 小时胎衣不下者，可参考本章"胎衣不下"的治疗方法，促进胎衣排出。

（5）当因变换饲料、过食或营养过于丰富的粗饲料而引起羊停食时，应内服硫酸钠 100～120 克或液状石蜡 80～100 毫升，以帮助解除瘤胃酸中毒和排出毒物。

八、疝 气

疝气是腹部的内脏从天然孔道或病理性破裂孔脱出至皮下或其他腔孔的一种疾病。常见的有脐疝和腹股沟阴囊疝。

【病 因】 分为先天性缺损（脐孔或腹股沟管开口过大）和病理性缺损（如腹肌破裂等），后者常因外力作用（斗殴、棍棒打击等），或腹压剧增（跳跃、分娩努责等）所引起。

【临床症状】 脐疝常见于羔羊，多为先天性的脐孔闭合不全或腹壁发育有缺陷，在腹部下部的稍后方有一明显可见的呈半圆形的触之柔软、没有痛感且易压回的肿胀物，其中多为小肠及其肠系膜，其大小不等，小者如核桃大，大者可至拳头大。将内容物复整之后，可触到疝孔的状态（图 4-8-1）。

图 4-8-1　脐疝

腹股沟阴囊疝是腹股沟管先天性扩大，肠管下坠至阴囊内。

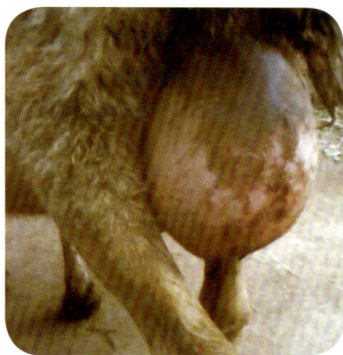

图 4-8-2　腹股沟阴囊疝

一侧或两侧阴囊明显增大，大小不一，阴囊皮肤紧张发亮，捕捉或腹压增大时，症状加重。触诊阴囊柔软，无热、痛等炎性反应。提举两后肢并挤压增大的阴囊，常可使疝内容物还纳回腹腔中，肿胀的阴囊缩小到自然状态，但有些由于肠壁与囊壁发生粘连而不能还纳（图 4-8-2）。

【防　治】　脐疝和腹股沟阴囊疝，可以通过手术疗法将肠道送回腹腔内，如果肠壁与囊壁粘连，要小心将粘连处进行剥离，封闭疝孔，将多余的囊壁及皮肤做对称切除，缝合手术创口。

第五章 产科病

一、流 产

羊流产是指母羊的妊娠过程受到破坏而中断，其表现为胚胎被吸收，早产或产出死胎。

【病　因】 分传染性和非传染性两大类。

（1）传染性流产病因：病原体有布鲁氏菌、弯杆菌、鹦鹉衣原体等。

（2）非传染性流产病因：①饲养管理不当。如长期营养不足导致母羊瘦弱，饲喂冰冻饲料或冰水，饲料发霉或含毒物等。②机械性损伤。如踢伤或因饲养密度过大而造成互相挤压冲撞，公母羊同圈乱交配。③胎儿及胎膜异常。胎儿畸形及器官发育异常；胎膜水肿，胎水过多或过少，胎盘炎。④母羊患病。如肝、肾、肺、胃肠的疾病及神经性疾病等破坏妊娠过程而引起流产。

【临床症状】 突然发生流产者，产前一般无特征表现。发病缓慢者，表现精神不佳，食欲停止，腹痛起卧，努责哞叫，

阴户流出羊水（图 5-1-1），待胎儿排出后稍为安静。若在同一群中病因相同，则陆续出现流产，直至母羊流产完毕，羊群方能稳定下来。外伤性致病结果，可使羊发生隐性流产，即胎儿不排出体外，自行溶解，形成胎骨残留于子宫。由于受外伤程度的不同，受伤的胎儿常因胎膜出血、剥离，于数小时或数天排出体外。

图 5-1-1　病羊流产

【防　治】　根据病因采取相应的防治措施，概括以下：

（1）要确诊布鲁氏菌引起的流产，必须经细菌检验，发现阳性者均应及时隔离，以淘汰屠宰为宜，严禁与健康羊接触。对污染的用具和场地进行彻底消毒；对流产的胎儿、胎衣及其产道分泌物做深埋处理。对于菌检呈阴性群，可用布鲁氏菌猪型 2 号弱毒苗或羊型 5 号弱毒苗进行免疫接种。

（2）经细菌检验确诊弯杆菌引起的流产，可用金霉素做全群预防性治疗。

（3）预防衣原体引起的流产，可用羊衣原体流产病油乳剂灭活苗，皮下注射 3 毫升 / 只，免疫期 7 个月。

（4）对于非传染性流产病，应以加强饲养管理为主，预防各种病因的发生。对有流产先兆的母羊，可用黄体酮注射液（含 15 毫克），一次肌内注射。如果胎儿死亡未排出，且子宫已开张时，可注射垂体后叶素 1~2 毫升。

二、产后败血症

母羊在分娩时由于机体抵抗力下降而失去了自身的抗感染能力。难产、胎儿腐败、胎衣不下及助产不当等均可造成大量病原微生物的入侵和增殖，引起严重感染。若处理不及时，局部感染会波及全身，引发败血症和脓毒血症。

【病　因】 助产不当，软产道受到损伤、子宫脱、胎衣不下、化脓性乳腺炎等，没有得到及时处理，受到细菌严重感染，加上母羊产后体质差，机体的防御功能弱，生殖道黏膜上淋巴管、血管扩张，使细菌很快进入血液，造成全身感染而引起。主要病原菌为溶血性链球菌、金黄色葡萄球菌、大肠杆菌及化脓性棒状杆菌等。

【临床症状】 病羊体温上升至 40~41℃后持续不降，四肢末梢发凉；卧地呈半昏迷状态（图 5-2-1）；食欲废绝，反刍停止，喜饮水；脉搏快速，呼吸浅快。随病程发展，患羊腹泻、粪中带血、腥臭，表现高度衰竭。急性病例可在 2~3 天内死亡。

产后脓毒血症病情时好时坏，体温 40~41℃，后有下降，甚至恢复正常，呈弛张热型，反映体内脓灶形成、局限、转移形成新脓灶的反复过程。

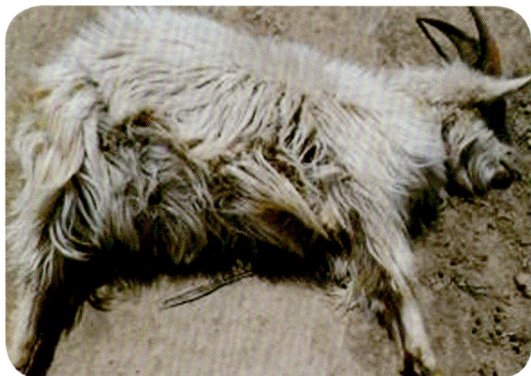

图 5-2-1　产后败血症病羊呈昏迷状态

【治　疗】　本病病程发展急剧，需及时治疗，以消除病原和增强机体抵抗力为原则。

（1）全身使用广谱抗生素和磺胺类药。

（2）大剂量补充水分和营养，防止酸中毒。

（3）肌内注射催产素，促进子宫内分泌物及分解产物的排出。

（4）体表局限性脓灶可行外科处理。

对病羊应精心护理，喂以营养丰富易消化的饲料，充分饮水，加厚垫草，定时翻转羊体。

【预　防】　母羊分娩期做好卫生清洁工作，严格消毒，防止感染。对产房、产室严格消毒；助产人员和使用的器械要严格消毒，助产手术要在无菌的条件下进行；分娩过程中损伤产道时，要及时给予治疗，避免造成细菌感染。产后败血症病程急，发展迅速，产后要加强护理，注意观察。

【治　疗】　一旦发现病畜要先清除局部感染，涂布青霉素软膏。子宫内感染，要用子宫收缩剂排出子宫内的炎性产物，可肌内注射垂体后叶素 0.2～0.5 毫升，也可子宫内注入青、链霉素各 20 万单位，但禁止按摩和冲洗子宫，以防感染扩散。同时可肌内注射青霉素，每千克体重 1 万～1.5 万单位，静脉注射四环素，每千克体重 6～10 毫克，配合补液和使用维生素 C，每天 1 次。

三、难　产

难产是指羊在分娩过程发生困难，不能将胎儿顺利地由阴道排出来。

【病　因】　母羊发育不全，提早配种，骨盆和产道狭窄，加之胎儿过大，不能顺利产出；营养失调、运动不足、体质虚弱、老龄或患有全身性疾病的母羊子宫及腹壁收缩微弱及努责无力，胎儿难以产出；胎位不正，羊水胞破裂过早，使胎儿不能产出。

【临床症状】　妊娠羊发生阵痛，起卧不安，时有拱腰努责，回头顾腹，阴门肿胀，从阴门流出红黄色浆液，有时露出部分胎衣，有时可见胎儿蹄或头，但胎儿长时间不能产出（图 5-3-1）。

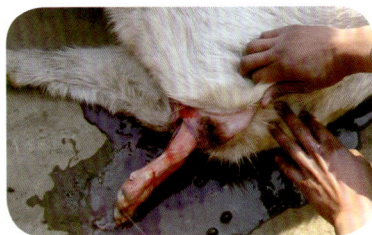

图 5-3-1　难产

【预　防】

（1）对于留作繁殖用的母羊，从小就要加强饲养管理，保证发育良好，体格健壮。

（2）妊娠期间，保持母羊体况良好，但不可过肥，应该分群饲养管理。

（3）对于接近预产期的母羊，应再进行分群，多加照管。准备好分娩场所，天气温暖时，可在露天生产，但必须备有羊棚，以防天气突然变化时应用。在大牧场，应备有较大的空气良好的产圈或产棚，除了干燥及排水良好外，还应装置分娩栏。每个分娩栏的大小约为 1.5 平方米，可排列成行，将临产羊和产后羊放于栏内，由经验丰富的饲养员护理。清晨和傍晚，母羊分娩较多，应该有专人值班，特别注意接产。

（4）在分娩过程中，要尽量保持环境安静；接产人员不要高声喧哗，也不要让狗惊扰羊群。

（5）对于分娩的异常现象，要做到尽早发现，及时处理。当发现分娩时间拉长时，即应进行产道检查，根据情况进行助产。只要发现及时，母羊还有分娩力量，稍微加以帮助，即容易产出，可以防止发生严重的难产。

（6）产道检查方法：①最好让母羊站立，呈前低后高姿势。但一般妊娠羊都不能站立，可以让其躺卧一侧，将后躯垫高。②洗涤消毒外阴部和手臂。③将手臂伸入产道，详细检查，确定难产的种类，以便采取相应的助产措施。

【治　疗】羊发病后应及时采取助产方法进行治疗。

保定及消毒：一般使母羊侧卧保定。助产器械需浸泡消毒，术者、助手的手及母羊的外阴处均要彻底清洗消毒。胎儿、胎位检查：将手伸入阴道内检查胎儿姿势及胎位是否正常、胎儿是否死亡。若胎儿有吸吮动作、心跳，或四肢有收缩活动，表示胎儿仍存活。助产方法：按不同的异常产位将其矫正，然后将胎儿拉出产道。多胎母羊，应将全部胎儿助产完毕，方可将母羊归群。对于阵缩及努责微弱者，可皮下注射垂体后叶素、麦角碱注射液 1～2 毫升。麦角制剂只限于子宫颈完全开张，胎势、胎位及胎向正常时方可使用。对于子宫颈扩张不全或子宫颈闭锁，胎儿不能产出，或骨骼变形，致使骨盆腔狭窄，胎儿不能正常通过产道者，可进行剖宫产，以保护母羊安全。

四、胎衣不下

胎儿出生以后，母羊排出胎衣的正常时间：绵羊为 3.5（2～6）小时，山羊为 2.5（1～5）小时，如果在分娩后超过 14 小时胎衣仍不排出，即称为胎衣不下。此病在山羊和绵羊都可发生。

【病　因】 包括下列两大类：

（1）产后子宫收缩不足：①子宫因多胎、胎水过多、胎儿过大以及持续排出胎儿而伸张过度。②饲料质量不好，尤其饲料中缺乏维生素、钙盐及其他矿物质时，使子宫发生弛缓。③妊娠期（尤其在妊娠后期）母羊缺乏运动或运动不足，往往会引起子宫弛缓，因而胎衣排出很缓慢。④分娩母羊肥胖，可使子宫复旧不全，因而发生胎衣不下。⑤流产和其他能够降低子宫肌肉和全身张力的因素，都能使子宫收缩不足。

（2）胎儿胎盘和母体胎盘发生黏着，患布鲁氏菌病的母羊常因此而发生胎衣不下，其原因有以下两种情况：①妊娠期中子宫内膜发炎，子宫黏膜肿胀，使绒毛固定在凹穴内，即使子宫有足够的收缩力，也不容易让绒毛从凹穴内脱出来。②当胎

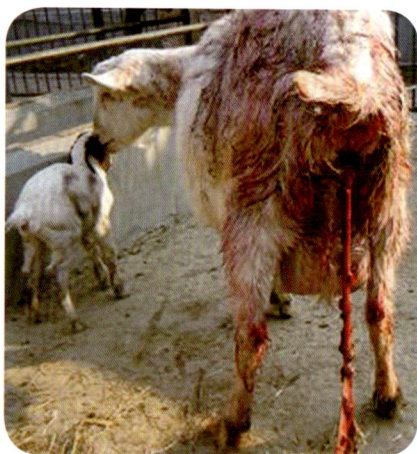

图 5-4-1　山羊胎衣不下

膜发炎时，绒毛也同时肿胀，因而与子宫黏膜紧密粘连，即使子宫收缩，也不容易脱离。

【临床症状】　胎衣可能全部不下，也可能是一部分不下。未脱下的胎衣经常垂吊在阴门之外（图5-4-1）。病羊背部拱起，时常努责，有时由于努责剧烈可能引起子宫脱出。如果胎衣能在 14 小时以内全部排出，多半不会发生并发病；但若超过一天，则胎衣会发生腐败，尤其是气候炎热时腐败更快。从胎衣腐败产物可引起中毒，而使羊的精神不振，食欲减少，体温升高，呼吸加快，泌乳量降低或停止，并从阴道中排出恶臭的分泌物。由于胎衣压迫阴道黏膜，可能使其发生坏死。此病往往并发败血病、破伤风或气肿疽，或者造成子宫或阴道的慢性炎症。如果病羊不死，一般在 5～10 天内全部胎衣发生腐烂而脱落。山羊对胎衣不下的敏感性比绵羊大。

【预　防】　是加强对妊娠羊的饲养管理，饲料的配合应不使其过肥为原则，每天必须保证适当的运动。

【治　疗】　在产后 14 小时以内，可待胎衣自行脱落。如果超过 14 小时胎衣不下，即须采取适当措施，因为这时胎衣已开始腐败，假若再滞留在子宫中，可以引起子宫黏膜严重发炎，导致暂时的或永久的不孕，有时甚至引起败血病。绝不可强拉胎衣，以免扯断而将胎衣留在子宫内。

（1）手术剥离胎衣：①先用消毒液洗净外阴部和胎衣，再用鞣酸酒精溶液冲洗和消毒术者手臂，并涂以消毒软膏，以免将病原菌带入子宫。如果手上有小伤口或擦伤，必须预先涂搽碘酊，粘上胶布。②用一只手握住胎衣，另一只手送入橡皮管，将高锰酸钾 10 000 倍稀释温溶液注入子宫。③手伸入子宫，将绒毛膜从母体子叶上剥离下来。剥离时，由近及远。先用中指和拇指捏挤子叶的蒂，然后设法剥离盖在子叶上的胎膜。为了便于剥离，事先可用手指捏挤子叶。剥离时应当小心，因为子叶受到损伤时可以引起大量出血，并为微生物的进入开放门户，容易造成严重的全身症状。

（2）皮下注射催产素：羊的阴门和阴道较小，只有手小的人才能进行胎衣剥离。如果将手勉强伸入子宫，不但不易进行剥离操作，反而有损伤产道的危险，故当手难以伸入时，只有皮下注射催产素 2～3 单位（注射1～3 次，间隔 8～12 小时）。如果配合用温的生理盐水冲洗子宫，收效更好。为了排出子宫中的液体，可以将羊的前肢提起。

（3）及时治疗败血症：如果胎衣长久停留，往往会发生严重的产后败血症。其特征是体温升高，食欲消失，反刍停止；脉搏细而快，呼吸快而浅；皮肤冰冷（尤其是耳朵、乳房和角根处）；喜卧下，对周围环境十分淡漠；从阴门流出污褐色恶臭的液体。遇到这种情况时，应该及早进行以下治疗：①肌内注射青霉素40 万单位，每 6～8 小时 1 次；链霉素 1 克，每 12小时 1 次。②静脉注射四环素50 万单位，加入 5% 葡萄糖注

射液 100 毫升中注射，每天 2 次。③用 1% 冷食盐水冲洗子宫，排出盐水后给子宫注入青霉素 40 万单位及链霉素 1 克，每天 1 次，直至痊愈。④ 10%～25% 葡萄糖注射液 300 毫升，40% 乌洛托品 10 毫升，静脉注射，每天 1～2 次，直至痊愈。⑤结合临床表现，及时进行对症治疗，如给予健胃剂、缓泻剂、强心剂等。

五、子宫内膜炎

子宫内膜炎在绵羊和山羊都比牛少见得多，但在绵羊，有时由于某种病原微生物传染而发生，可能成为流行病。

【病　因】

（1）常发生于流产前后，尤其是传染病引起的流产。这种子宫内膜炎容易相互传染，如不及时采取措施，正常分娩的羊也难免受到感染。

（2）分娩时期圈舍不清洁，或接产过程消毒不严，容易引起发病。

（3）阴道脱出、子宫脱出、胎衣不下及阴道炎等疾病继发。

【临床症状】　表现急性和慢性两种。

（1）急性：病羊体温升高，食欲减少，反刍停止，精神萎靡，常从阴门流出污红色腥臭的排出物，阴门周围及尾部有干痂附着（图 5-5-1）。由于炎性渗出物的刺激，可使阴道及前庭发炎。有时由于病羊努责而发生阴道不全脱出。如为传染性子宫炎，则病羊体温显著增高，极度虚弱，泌乳停止，有时表现昏迷及血中毒现象，甚至造成死亡。

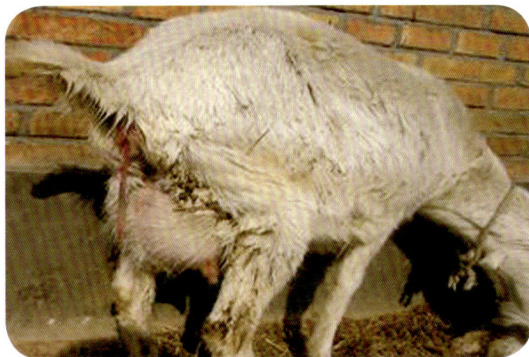

图 5-5-1　阴门流出污红色腥臭的排出物

（2）慢性：多由急性转变而来，食欲稍差，阴门排出少量卡他性或脓性渗出物，发情不规律或停止发情，不易受胎。卡他性子宫内膜炎有时可以变为子宫积水，造成长期不孕，但外表没有排出液，不易确诊，只能根据有子宫卡他性炎症的病史进行推测。

【预　防】

（1）加强饲养管理，防止发生流产、难产、胎衣不下和子宫脱出等疾病。

（2）预防和扑灭引起流产的传染性疾病。

（3）加强产羔季节接产、助产过程的卫生消毒工作，防止子宫受到感染。

（4）抓紧治疗子宫脱出、胎衣不下及阴道炎等疾病。

【治　疗】

（1）严格隔离病羊，不可与分娩的羊同群喂管。

（2）加强护理，保持羊舍温暖清洁，饲喂富于营养且带有

轻泻性的饲料，经常供给清水。

（3）抓紧治疗急性子宫内膜炎，全身注射青霉素或链霉素，防止转为慢性。

（4）进行子宫冲洗及灌注，可用 0.1% 高锰酸钾 100～200毫升、1%～2% 小苏打、1% 食盐水或 0.1% 新洁尔灭冲洗子宫，每天 1 次或隔天 1 次。在子宫内有较多分泌物时，食盐水浓度可提高到 3%。促进炎性产物的排出，防止自体中毒，并可刺激子宫内膜产生前列腺素，有利于子宫功能的恢复。如果子宫颈口关闭很紧，不能冲洗，可给子宫颈涂以 2% 碘酒，使之松弛。冲洗后灌注青霉素 40 万单位。

（5）子宫内给予抗菌药，由于子宫内膜炎的病原菌非常复杂，且多为混合感染，宜选用抗菌范围广的药物，如四环素、庆大霉素、卡那霉素、金霉素等。可将抗菌药物 0.5～1 克用少量生理盐水溶解，配成溶液或混悬液，用导管注入子宫，每天 2 次。

（6）激素疗法，可用前列腺素类似物，促进炎症产物的排出和子宫功能的恢复。在子宫内有积液时，可肌内注射雌二醇 2～4 千克，4～6 小时后肌内注射催产素 10～20 单位，促进炎症产物排出。配合应用抗生素治疗，可收到较好的疗效。

六、乳 房 炎

乳房炎多见于泌乳期的绵羊、山羊。其临床特征为，乳腺发生各种不同性质的炎症，乳房发热、红肿、疼痛，影响泌乳功能和产乳量。常见的有浆液性乳房炎、卡他性乳房炎、脓性乳房炎和出血性乳房炎。

【病　因】　本病主要由于环境卫生条件差、挤奶方法不妥及乳房过分充盈、创伤或产前进食过多等原因，致使病原菌经乳头孔和创伤口进入乳房而引起，尤以干奶期和分娩期舍饲的高产及经产母羊多发。亦见于结核病、口蹄疫、子宫炎、羊痘、脓毒败血症等过程中。

【临床症状】　乳房炎是泌乳母羊最为常见和危害最严重的疾病之一，尤其是对奶山羊。本病可分为临床型（显性）和隐性型乳房炎，后者占多数，且不易诊断。症状以乳房热、痛、肿为特征（图 5-6-1），还可发现乳房里有硬结，奶变色或变质。鲜奶外感或许无异常，也可呈水样（图 5-6-2），灰白色或深黄色、浓稠、絮状凝块或混有血液等。病初乳房肿胀，皮肤发紫，以后越发肿大，外观有许多小丘，直到化脓溃烂，乳腺组织破坏而丧失产奶能力。母羊行走时后腿呈跛行，食欲丧失，便秘，高热，有的还伴有干酪性淋巴腺炎、关节炎、角膜炎或流产。

【防　治】　注意挤乳卫生，扫除圈舍污物，在绵羊产羔季节应经常注意检查母羊乳房。

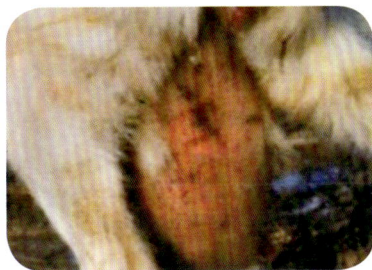

图 5-6-1　病羊乳房肿胀、发红，疼痛感明显

图 5-6-2　病羊乳房肿大、乳汁稀薄

病初可用青霉素 40 万单位、0.5% 普鲁卡因 5 毫升，溶解后用乳房导管注入乳孔内，然后轻揉乳房腺体部，使药液分布于乳房腺中。也可应用青霉素、普鲁卡因溶液行乳房基部封闭，或应用磺胺类药物抗菌消炎。为了促进炎性渗出物吸收和消散，除在炎症初期冷敷外，2~3 天后可施热敷，用 10% 硫酸镁水溶液 1 000 毫升，加热至 45℃，每天外洗热敷 1~2 次，连用 4次。中药治疗，急性者可用当归 15 克、生地 6 克、蒲公英 30克、二花 12 克、连翘 6 克、川芎 6 克、瓜蒌 6 克、龙胆草 24克、山栀 6 克、甘草 10 克，共研细末，开水调服，每天 1 剂，连用 5 大。亦叫将上述中药煎水内服，同时应积极治疗继发病。

对脓性乳房炎及开口于乳房深部的脓肿，宜向乳房脓腔内注入 3% 过氧化氢溶液，或用 0.1% 高锰酸钾溶液冲洗消毒脓腔，引流排脓。必要时应用四环素族药物静脉注射，以消炎和增强机体抗病能力。

为使乳房保持清洁，可用 0.1% 新洁尔灭溶液经常擦洗乳头及其周围。

（1）由于本病多数为难以诊断的隐性乳房炎，因此良好的卫生措施和挤奶方法及管理是防治本病的有效途径。

（2）给羊挤奶时，应用清洁温水和毛巾按摩乳房，挤出头几把奶检查有无异常。产奶量高的母羊每天应挤奶 2 次。

（3）挤奶后用消毒液浸泡乳头，尤其是在奶山羊分娩前后和干奶期应坚持这样做。

（4）母羊应去角，经常修蹄，防止乳房创伤。

（5）病羊初期应减少精料和水的喂量，增加挤奶次数，病重的母羊应停止挤奶。

七、不 孕 症

羊体成熟后达到繁殖年龄或分娩后经过一定时间不能正常受胎者称为不孕症。具体表现为：性周期不规则，即发情周期少于 14 天或超过 30 天以上仍缺乏发情；经产母羊空怀天数超过 90 天；处女母羊配种 5 个以上情期不能妊娠或空怀年龄超过 20.5 月龄，30 月龄后仍不能投产。

【病　因】 卵细胞发育或排卵障碍；精液质量太差，精子密度不够，有效精子数不够；精子与卵子的结合发生障碍，如卵管炎、未适时输精、子宫炎等；受精卵附植发生障碍，如子宫发育不良、子宫内膜炎等造成。而造成上述病因主要有两类因素：

（1）人为因素：人工授精技术不良、未适时配种、配种对消毒不严格，造成输精器械及子宫污染等；近亲繁殖；精子污染；饲养管理差、饲料配合单一。

（2）繁殖器官与功能障碍因素：产羔子宫污染、子宫复位不全；传染病，如布鲁氏菌、结核病等；机体衰老或生理功能下降等。

在临床上根据不孕症的发生原因，一般可把不孕症分为以下几种类型：先天性不孕，老年性不孕，症状性不孕，营养性不孕，人为性不孕，气候性不孕，利用性不孕。

【诊　断】

（1）问诊：①了解母羊乳产量及饲养管理等情况，特别是饲料的配合、各成分比例等。②了解母羊过去的繁殖情况，如产后发情时间、产羔间隔期、产后情况。③了解母羊的家族

史，可判断是否遗传因素引起。④了解母羊发病情况，尤其是生殖器官等疾病的情况。⑤了解精液活力、精子质量等情况。

（2）临床检查：①母羊的外阴部检查。主要检查外生殖器官的大小、形状，阴部有无炎症，有无炎性分泌物流出。②阴道检查。视诊和触诊，用开腟器打开阴道，触诊阴道软硬度，注意子宫颈的位置，观察阴道内有无脓液、血液及其他炎性分泌物。

（3）直肠检查：以食指插入羊直肠，隔着直肠壁探查卵巢、子宫等的情况。①卵巢。注意大小、形状、质地，同时要考虑性周期的变化。②输卵管。正常的纤细、弯曲、滑动，须仔细触摸方可感觉到，如变硬、变粗即表示发生病理变化。③子宫。注意其位置、形状、质地、大小。正常时触诊未孕子宫有收缩反应；发情的则有弹性；发生疾病时，则收缩反应弱或全无收缩反应。④子宫颈。注意粗细、软硬度、有无炎症等，特别是经产母羊常因慢性炎症而使结缔组织增生，变粗变硬。

【症状与治疗】

（1）营养性不孕症：①蛋白质长期供应不足。不仅可使膘情下降，而且新陈代谢发生障碍，其中包括生殖系统功能性变化。常表现为一侧或两侧卵巢萎缩，持久黄体，发情排卵均不明显。经产母羊产后 4～6 个月不发情。防治方法：合理搭配精饲料，尤其是加强蛋白质饲料的供应。②碳水化合物供应不足。碳水化合物是母畜能量的源泉，而且还参与生殖器官、子宫黏液的分泌，如供应不足也可引起蛋白质代谢障碍，使机体内酸碱平衡失调。主要表现为性周期紊乱，卵巢萎缩，通常无卵泡成熟，有时出现持久黄体或卵巢囊肿。防治方法：加强饲养管理，多供给碳水化合物饲料。③维生素缺乏。维生素 A、维生素 B、维生素 D、维生素 E 缺乏均可造成母羊不孕，一般表现为持久性黄体，卵巢萎缩，个别出现卵巢囊肿。防治方法：对长期不孕或出现性周期不正常的，可加喂维生素 E，因羊的本身不能合成维生素 E，在冬季，长期舍饲或饲喂稻草而出现较多的不孕羊时，可加喂维生素制剂。④矿物质缺乏。对不孕有影响的主要是钙、磷、钴、铀。如磷不足可引起母畜无情期，钙不足、磷过多可引起卵巢萎缩，质地坚硬，发情后生殖器官出血严重，排卵延迟，受胎率低。防治方法：要适当加喂骨粉（钙磷比为 5：3）或补充矿物质添加剂。⑤蛋白质过多和过肥引起不孕。当长期饲喂过量的蛋白质和脂肪性饲料，而同时矿物质、维生素供应缺乏，加上运动不足时，会造成不孕。过肥时，会造成脂肪在卵巢及其周围大量沉积，导致卵巢发生脂肪变性，出现持久性黄体，个别的羊虽性周期正常，但屡配不孕；用高蛋白、高能量饲料，往往出现卵巢囊肿。防治方法：减少精饲料、糖料、豆饼等造成蛋白质、脂肪沉积的饲料，但必须保证青饲料的供应，母羊的膘情以六七成为宜，控制哺乳，加强运动，适当加喂食盐，由药物激活卵巢的活动。⑥管理不当造成的不孕。环境寒冷、潮湿、光线弱、通风不良或高温、缺乏适当的运动可使母羊经常处在紧张状态之下，再得不到完全光照，便会造成性周期紊乱，使得卵巢体积缩小，无成熟卵泡，且有明显的持久黄体。防治方法：改善饲养条件，适当运动，用药物促进生殖功能的恢复。

（2）生殖器官疾病引起不孕：①卵巢功能衰退，卵巢静止、幼稚、久不发情、性功能减弱、卵巢萎缩。症状表现卵巢

功能暂时性扰乱，性周期长，严重时卵巢明显萎缩硬化，子宫收缩力减弱，泌乳明显下降。防治主要是刺激家畜性功能的恢复。己烯雌酚 10～15 毫升，肌内注射，1 次 /2 天，连用 3 次；6 天后如无性欲，可用绒毛膜促性腺激素 200～500 单位，肌内注射。促卵泡生成素 100～200 单位，1 次 / 天，肌内注射，连用 2～3 次，发情后可用促黄体生成素 100～200 单位，肌内注射。孕马血清促性腺激素 200～500 单位，肌内注射。三合激素，每 10 千克体重 1 毫升，肌注。中药当归、菟丝子各 40 克，枸杞子 50 克，益母草 20 克，阳起石 30 克，补骨脂 10 克，藕叶 5 个，干草 50 克，红糖 50 克，煎服，每天一服，连用 3 天。②持久黄体。性周期或分娩后的卵巢中黄体超过 25～30 天，不消退者称为持久黄体，前者为周期黄体，后者为妊娠黄体。病因主要是由于脑垂体前叶分泌的促卵泡素不足，促使黄体生成素分泌过多引起，常发生于高产母羊因消耗过大导致卵巢功能减退，运动不足，饲料单一，缺乏维生素，子宫炎，子宫内积脓汁、死胎、产后子宫复旧不全或胎衣滞留。症状表现性周期停止，不发情，个别母羊出现很不明显的发情。防治可用促卵泡生成素 100～200 单位，肌内注射，1 次 /2 天，连用 2 次。三合激素，每 10 千克体重 2 毫升，肌内注射。前列腺素 5 毫升加 20 毫升生理盐水灌注子宫。氦氖激光照射交巢穴，每次 10 分钟，每天 1 次，连用 3 天。③卵巢囊肿。分为黄体囊肿和卵泡囊肿。卵泡囊肿是卵泡上皮变性，卵泡壁结缔组织增生变厚，卵细胞死亡，卵泡液未被吸收，引起囊肿，造成慕雄狂。Ⅰ：症状。母畜频频发情，外阴部下垂、充血、卧地时外阴门张开，伴随流出透明的分泌物，性情暴躁，严重时叫声变粗，频频爬跨和排尿，每次发情期 6～8 天，直肠检查时患侧卵巢肿大，摸到实质部，有卵泡液波动。Ⅱ：治疗。黄体酮 50～100 毫克，肌内注射，每天 1 次，连续 3 天；促黄体生成素 100～200 单位，肌注 3 次；绒毛膜促性腺激素加 30 毫升生理盐水每天冲洗子宫，连续 3 天。黄体囊肿是由于未经排卵的卵泡壁上皮黄体形成的囊肿。其症状为完全停止发情，卵巢上黄体块突出，且富有弹性。治疗可用前列腺素 5 毫克加生理盐水 20 毫升冲洗子宫，注射绒毛膜激素 200～500 单位，用针刺法去除囊液。④子宫疾病。包括子宫复位不全与子宫内膜炎。子宫复位不全。病因包括难产，子宫脱出，胎衣不下，胎水过多，胎儿过大，多胎，妊娠期及产后期缺乏运动。症状为产后恶露滞留或排出时间延长，子宫颈在产后 1～2 周以上仍开放，恶露从浅红色渐渐变成黏液性。防治主要是补液结合抗生素治疗；脑垂体后叶激素 50～100 单位，肌内注射；土霉素粉 10 克加蒸馏水 50 毫升，灌注；柠檬酸 3 克，土霉素 2 克制成泡沫剂冲洗子宫。子宫内膜炎：母畜的发情周期及发情表现正常，直检时触诊子宫较肥厚，阴道中存有从子宫分泌的稍浑浊黏液状炎性分泌物。防治可用 1% 土霉素 100 毫升、0.05%～0.1% 高锰酸钾溶液 50 毫升反复冲洗子宫，冲洗后子宫内放入土霉素胶囊 3 克。对不明显的子宫内膜炎，可在配种前 1～2 小时用 80 万单位青霉素、100 万单位链霉素加 5～10 毫升生理盐水冲洗子宫，然后配种。

（3）反复输精产生免疫而造成不孕：精子有特异性抗原和血型抗原，具有抗原性，多次重复交配和反复输精会引起母畜体内滴度升高，每输精 1 次，畜体血清与精子凝集就增高。防

治方法。①对产后子宫复旧不全或患病者不可输精。②对于 4
个性周期输精不孕时，在以后 2 个性周期内不输精。③用 2.9%
柠檬酸钠精液稀释液 20 毫升加 80 万单位青霉素，每天 1 次
冲洗子宫。

八、妊娠毒血症

羊妊娠毒血症也称羊妊娠中毒症，多发生在妊娠中后期。
由于本病的发生原因尚未完全查明，故又有"妊娠反应病"
之称。

【病　因】　羊妊娠毒血症致病因素有两方面。一为外界
因素，即饲养管理不当，饲料单一、营养不足或不全，缺乏运
动，致使妊娠羊营养失调，物质代谢减弱，对外界环境适应能
力降低。二为机体内在因素，即孕畜体内物质代谢障碍，随着
胎儿迅速生长发育，而母体不能满足胎儿及本身的需要时，首
先消耗自身贮存易被利用的肝糖原，肝糖原过度消耗后，脂肪
组织中的脂肪将大量入肝转为糖原，从而形成高血脂。由于氧
供应不足而脂肪不全氧化，所以酮体超过了肝外组织所利用的
限度，致使发生酮血症和酸中毒，加上环境因素影响，气候骤
变等作用，母羊在产前易发生妊娠毒血症。

【症状及病变】　患病母羊在临产前，精神不振，心音增
强，尿少、色黄如油状，食欲不振或废绝（图 5-8-1），饮水
少，粪便时干时稀；体温正常或偏低，耳震颤，全身发抖，咬
牙；反射功能减弱，运动失调，盲目运动；站立不稳，最后昏
迷而死亡。

肝脏肿大，质脆易碎，肝变性（图 5-8-2）。肾脏肿大，

出血并有脂变。心脏变性，质脆、心内外膜有出血点。脾充血和出血。胃肠黏膜下出血及坏死炎症，腹水增多。

图 5-8-1　羊妊娠毒血症

图 5-8-2　肝脏肿大，呈红黄色

【诊　断】　根据母羊的发病症状，结合母羊临产前拒食及营养状况，是否圈养，缺乏运动，日粮搭配是否合理等，一般即可确诊。有条件的可进行实验室检查。

【治　疗】

（1）保肝、提高血糖：50% 葡萄糖每次 100 毫升，加维生素 C 注射液 0.5 克，静脉注射，连用 7 天。

（2）促进代谢：氢化可的松注射液 0.08 克，加入 10% 葡萄糖溶液稀释后一次静脉注射，每天 1 次。维生素 B_1 注射液 0.05 克，一次肌内注射，每天 1 次，连用 7 天。

（3）纠正酸中毒：5% 碳酸氢钠注射液 100 毫升静脉注射，每天 1 次，连用 4 天。心力衰竭时注射强心药，食欲不佳时给予健胃药物。

九、子宫脱出

子宫脱出是指子宫的一部分或全部脱出于阴道内或阴道外。

【病　因】　本病继发于分娩，多见于分娩后数小时内。妊娠期营养不良、运动不足、过于肥胖，同时分娩后努责仍很剧烈，易发生子宫脱。胎水过多、胎儿过大及过多等因素，引起子宫肌过度伸张。

【症状及病变】　如果只有一个子宫角妊娠时，从阴门裂中垂出红色、发亮、拳头大至小儿头大的梨形物，其末端扩大下垂到跗关节，而另一个子宫角则包在脱出部分之内，并不外翻。在两个子宫角都妊娠时，则脱出子宫的大小加倍，表面显有杯状子叶。

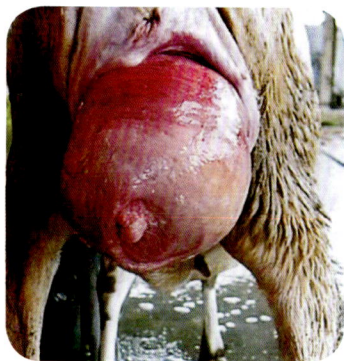

图5-9-1　从阴门中脱出红色、拳头大的子宫阜

在严重时子宫与阴道共同翻转而脱露。如果在空气中停留时间过久，则变为暗红色，往往因受到粪尿及褥草的污染而出现黑色斑点（图5-9-1）；时间再长时，黏膜下组织及肌内层发生水肿，逐渐变为坏疽。严重的子宫脱出常常并发便秘或腹泻。

【诊　断】　依据从阴道脱出组织的特殊形状，容易做出诊断。但应注意与阴道脱出相鉴别，阴道脱出后其外观呈球形囊状，表面光滑，体积较小，与子宫脱出外观不同。

【预　防】

（1）平时加强饲养管理，保证饲料质量，使羊身体状况良好。

（2）在妊娠期间，保证羊有足够的运动，增强子宫肌内的张力。

（3）多胎的母羊，往往在产后 14 小时左右才发生子宫脱出，因此在产后 14 小时以内必须细心注意产羔羊，以便及时发现病羊，尽快进行治疗。

（4）遇到胎衣不下时，绝不要强行拉出。

（5）遇到产道干燥时，在拉出胎儿之前，应给产道内涂灌大量油类，以预防子宫脱出。

【治　疗】

（1）对病羊进行全身麻醉，提高后躯，用消毒药液冲洗子宫，清除黏膜上的泥土、草屑及未脱落的胎盘碎片。

（2）用温热的 2% 明矾液或 1% 硼酸溶液冲洗子宫。若水肿严重，应在冲洗的同时揉捏压迫子宫，使水肿液得以排出。最后在子宫黏膜表面涂上抗生素软膏。

（3）用灭菌大纱布包裹子宫，防止子宫再次污染，将两手置于子宫基部慢慢向内还纳。如还纳后子宫不能正常复位，可施行剖腹术，使子宫完全恢复正常位置。

（4）为防止再次脱出，应进行阴门缝合。

（5）注意对症治疗。

十、阴道脱出

阴道脱出是阴道部分或全部外翻脱出于阴户之外，阴道黏膜暴露在外面，引起阴道黏膜充血、发炎，甚至形成溃疡或坏死的疾病。

【病　因】 饲养管理不良，羊体弱、年老，致使阴道周围的组织和韧带弛缓；妊娠羊到后期腹压增大；分娩或胎衣不下而努责过强。助产时强行拉出胎儿，常是发生阴道脱的直接原因。

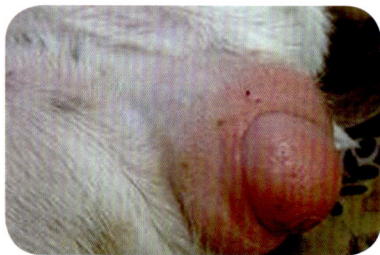

图 5-10-1　阴道脱出

【临床症状】　阴道脱出有完全脱出和部分脱出两种。当完全脱出时，脱出的阴道如拳头大，也可见阴道连同子宫颈脱出。部分脱出时，仅见阴道入口部脱出，大小如桃（图 5-10-1）。外翻的阴道黏膜发红，甚至青紫，局部水肿。因摩擦可损伤黏膜，形成溃疡，局部出血或结痂。病羊常在卧地后，脱出的阴道局部被地面的污物、垫草、粪便黏附，导致细菌感染而化脓或坏死。严重者全身症状明显，体温可高达 40℃以上。

【防　治】　体温升高者，用磺胺双甲基嘧啶 5~8 克，每天 1 次，内服，连用 3 天；或用青霉素 320 万单位和链霉素 3 克肌内注射。配合 0.1% 高锰酸钾溶液或新洁尔灭溶液清洗局部，涂搽金霉素软膏或碘甘油溶液。然后，用消毒纱布捧住脱出的阴道，由脱出基部向骨盆腔内缓慢地推入，至快送完时，用拳头顶进阴道；然后用阴门固定器压迫阴门，固定牢靠为止；对习惯性脱出者，可用粗线对阴门四周做减张缝合，待数日后，阴道脱出症状减轻或不再脱出时，拆除缝线。

十一、睾丸及附睾炎

【病　因】　睾丸与附睾紧密相连，常同时发炎或相互继发。主要由外伤引起，也可因睾丸附近组织发炎而继发，或由于布鲁氏菌病、结核病等转移而来。

【临床症状】　在急性发炎时，睾丸及附睾均肿大、热痛

（图 5-11-1），精索粗硬，并伴有功能障碍。严重的病羊出现
体温升高（达 40℃以上）及其他全身症状。羊的睾丸及附睾炎
常由布鲁氏菌病转移而来，此时，大部分病羊呈现跛行，关节
肿大、疼痛，关节囊内常有液体。

图 5-11-1　睾丸及附睾肿大

【病理变化】　睾丸和附睾实质变性、脓肿（图 5-11-2）。
除急性炎症外，尚有慢性间质性炎症，多因急性期失治转来，
表现硬肿无痛，睾丸及附睾严重萎缩，局部温度不高，有时比
正常略低，常与周围组织粘连。

图 5-11-2　睾丸及附睾实质变性、脓肿

【防　治】 病初 1～2 天局部施行冷敷，后改用温敷，亦可在外部涂搽樟脑软膏或鱼石脂软膏，并用吊带将阴囊托起，以促进血液循环和痊愈。疼痛严重时，可用普鲁卡因青霉素做精索封闭。睾丸严重肿大的，若不宜留作种畜，可将其切除。有脓肿形成时，则应切开排脓后，按外科常规处理。当有全身症状时，可用抗生素及磺胺类药物治疗。

第六章　代谢病和中毒病

一、白肌病

白肌病在绵羊羔及仔山羊都可发生，其特征是心肌与骨骼肌发生变性，发病严重的骨骼肌呈灰白色，病羊步态僵硬，故又称为僵羔。本病常在春夏之际发生，呈地方流行性，沙土或沼泽地区发生较多，1～5周龄的羔羊及仔山羊最易患病。死亡率有时可达40%～60%。

【病　因】　本病既非传染病，又非遗传性疾病，目前一般认为主要是由于缺乏维生素E和微量元素硒所引起。当饲料中硒的含量和维生素E不足时，就可能发生硒－维生素E缺乏病。有机体在代谢过程中产生一些过氧化物，它能使细胞和亚细胞（线粒体、溶酶体等）的脂质膜受到破坏，引起细胞变性、坏死。谷胱甘肽过氧化物酶在分解这些过氧化物中起着重要作用，而硒是该酶的主要组成成分。所以缺硒的动物，该酶的活性降低。如果补充了硒，就可提高该酶的活性，从而提高抗氧化作用，使组织免受体内过氧化物的损害，而保护细胞的正常

功能。羔羊缺硒病呈区域性分布，在严重缺硒地区，白肌病的发病率可高达 90%。

【临床症状】

绵羊羔：病羔营养状况较差者居多，但发育良好者亦不少见。羔羊常于放牧及采食时突然倒地死亡，或者在典型症状出现后 1 ~ 2 天内死亡。病羔体温正常，胃肠蠕动无显著变化；心跳节律不齐，呈显著的传导阻滞和心房纤维颤动；病程较长者，最初精神沉郁，离群，不愿行动，食欲减少或废绝，以后卧地不起，颈部僵直而偏向一侧；如果强迫起立，轻者走路摇摆，肢体强硬，重者站立不稳或举步跌倒；少数病羔有腹泻症状。

仔山羊：在发病初期，外部并无任何可见症状，仅仅是听诊时心跳无节律或有间歇。以后表现精神沉郁，被毛竖立而粗乱，食欲略减或废绝。有时不表现症状即突然死亡。一般能够从症状上发现病羊时，已经达到垂危阶段。在羊群发病的最初阶段，可以见到约有 1/3 的病羊起立不便，喜卧，跛行，行走困难。站立时肌肉颤抖，特别是肩臂部和股部肌肉，严重时对周围刺激反应迟钝。在发病的后期，不易看到运动器官发生障碍。大多数病羊表现呼吸粗粝，次数增多；结膜潮红，边缘稍黄；体温一般正常，当有并发症时，可以升高到 40 ~ 41.3℃；听诊时，心跳加快，节律不齐，有间歇，部分病例还有舒张期杂音。少数病羊伴有顽固性下痢。

病程经过颇不一致，最严重者为突然不安，哀叫，呈兴奋状态，10~30 分钟死亡。较重者多经 3~4 天死亡；轻者经 2~3 周死亡，但为数极少。

【病理变化】

绵羊羔：尸体有时消瘦，有时营养良好。主要病变是肌肉发生对称性病变，即身体两侧的同种肌肉发生病变，其后腿最为明显。平常见到者为臂二头肌、臂三头肌、肩胛下肌、股二头肌及胸下锯肌等。有时咬肌与膈肌发生病变。病变肌肉呈弥散性或局限性的浅黄色或灰黄色，有时为白色（图 6-1-1），肌组织干燥，表面粗糙不平；少数病例肌肉硬化，有钙盐浸润。肌肉中钙含量增加至 14% ~ 15%，而正常者仅为 2%。心包中有透明或红色液体，心肌呈灰色，较柔软，有时有出血点，心室扩大。

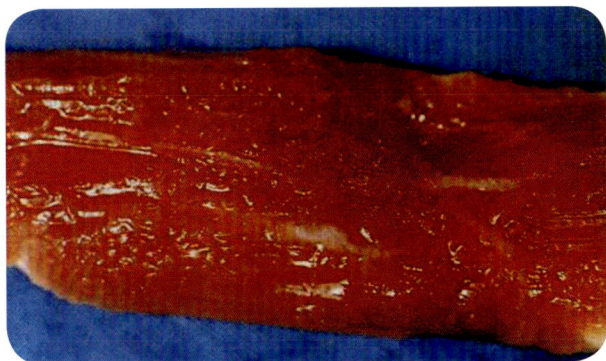

图 6-1-1　骨骼肌有条片状灰白色病变

仔山羊：尸僵完全或不完全，血液凝固不良。心脏极度扩张，心肌厚薄不均，颜色淡。心肌变性，心内膜下心肌和乳头肌周围有灰黄色条纹，顺着肌纤维方向存在，状似虎斑。将病变部切开时，可见心肌纤维粗糙、色淡，其结构如木质纤维（图 6-1-2）；严重的病例，整个心内膜都布满有上述病变。骨

骼肌变性，尤其是前、后肢肌肉和背最长肌变性比较明显，肌纤维粗糙，颜色淡白，其中夹杂着颗粒性增生物，并有淤血小点。肠系膜淋巴结肿胀、柔软，切面多汁，压之有大量乳白色液体流出，切面上有小粒状突出物。皱胃发炎、出血；十二指肠、空肠、回肠和部分盲肠黏膜呈紫红色，充血或出血，其内容物呈红色粥状。

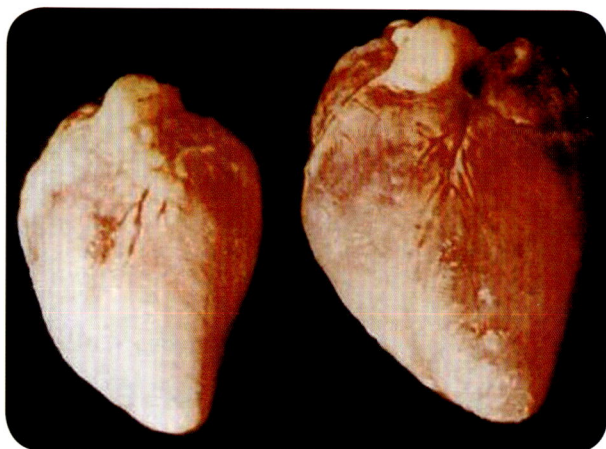

图 6-1-2　心肌颜色变淡，并可见一些白色区域

【诊　断】　病羔死后的剖检病变可作为诊断的主要依据。最明显者为肌肉中有灰白色条纹存在，尤以后肢最为多见。

【预　防】

（1）应用 0.2% 亚硒酸钠皮下注射，预防效果良好。具体方法如下：①注射年龄。1～2 月出生的羔羊，在日龄 20 天左右注射，一般不要晚于 25 日龄；3 月份及以后出生的羔羊，一般在出生后半月大时注射，尤其是 3 月以后出生的羔羊，最晚不能超过 20 日龄，迟了就有发病的危险。②注射次数。一般进行 2 次预防注射，第一次注射后，间隔 20 天，再进行第二次注射。羔羊在 40～50 日龄、天气连阴多雨、干草质量不好、青草又不能正常供应时，可进行第三次预防注射。③注射剂量。应用 0.2% 亚硒酸钠溶液，每只羊第一次 1 毫升，第二、第三次各 1.5 毫升，做颈侧皮下注射。亚硒酸钠溶液的配制方法是亚硒酸钠 0.2 克，加注射用水 100 毫升，盛入灭菌瓶内，待溶解后备用。

（2）在分娩之前给母羊皮下注射亚硒酸钠 1 次。用量为 4～6 千克。

（3）供给妊娠羊维生素 A、维生素 D、维生素 E 及磷酸盐：在冬季可喂给豆科干草（干苜蓿最理想）、胡萝卜、大麦芽与骨粉。如在产后才发现饲料中缺乏维生素 A 和维生素 E，应肌内注射维生素 A 和维生素 E。

当仔羊群中已经发病，应在治疗病羊的同时，给未发病羊注射治疗量的维生素 A 和维生素 E，或者用青苜蓿制作饲料膏，或者在饲料中拌入棉籽油。

【治 疗】 可将病羊放于宽敞通风的畜舍中，限制活动，然后按照以下方法治疗。

（1）给日粮中增加燕麦或大麦芽，补给磷酸钙，亦可拌入富含维生素 E 的植物油，如棉籽油、菜油等。

（2）用 0.2% 亚硒酸钠溶液 1.5～2 毫升，皮下注射。

（3）皮下或肌内注射维生素 E，剂量为 10～15 千克，每天 1 次，连续应用，直到痊愈为止。

二、佝偻病

羊佝偻病是羔羊钙、磷代谢障碍引起骨组织发育不良的一种非炎性疾病，维生素 D 缺乏在本病的发生中起着重要作用。

【病　因】　本病的发生主要是由于饲料中维生素 D 的含量不足，导致羔羊体内维生素 D 缺乏，直接影响钙、磷的吸收和血液内钙、磷的平衡；此外，即使维生素 D 能满足羔羊的需要，但母乳及饲料中钙、磷比例不当或缺乏，以及多原因的营养不良，也可诱发本病。

【临床症状】　病羊轻者主要表现为生长迟缓，异嗜，喜卧，卧地起立缓慢，行走步态摇摆，四肢负重困难，触诊关节有疼痛反应。病程稍长则关节肿大，以腕关节较明显（图 6-2-1）；长骨弯曲，四肢可以展开，形如青蛙（图 6-2-2）。患病后期，病羔以腕关节着地爬行，躯体后部不能抬起；重症者卧

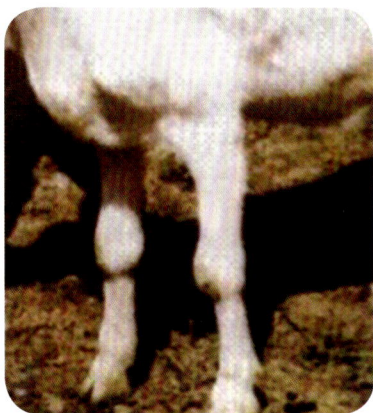

图 6-2-1　腕关节明显肿大

图 6-2-2　长骨弯曲，四肢可以展开，形如青蛙

地，呼吸和心跳加快。

【预　防】

（1）加强妊娠母羊和泌乳母羊的饲养管理，饲料中应含有较丰富的蛋白质、维生素 D 和钙、磷，并注意钙、磷配合比例，供给充足的青绿饲料和青干草，补喂骨粉，增加运动和日照时间。

（2）羔羊饲养更应注意，有条件的喂给干苜蓿、胡萝卜、青草等青绿多汁的饲料，并按需要量添加食盐、骨粉、各种微量元素等。

【治　疗】　维生素 A 或维生素 D 注射液 3 毫升，肌内注射；精制鱼肝油 3 毫升，灌服或肌内注射。补充钙制剂，可静脉注射 10% 葡萄糖酸钙注射液 5 ~ 10 毫升。

三、骨　软　症

骨软症是一种营养代谢疾病。发生原因主要是由于动物的饲料内钙和磷的供应不足或比例不当，导致发生骨质疏松，并由此引发一系列的变化。

【病　因】

（1）饲料中钙、磷供应不足或钙、磷比例不当。

（2）钙的需要量增加。母羊在产奶盛期、妊娠后期，特别是在产羔后 1 个月左右，由于机体对钙磷的需要量大，最易引起本病。

（3）维生素 D 不足。正常的骨形成除需要足够的钙磷外，还需要维生素 D，它能促进钙磷从小肠吸收，同时还能直接作用于成骨细胞，促进骨的形成。

【临床症状】 病羊在疾病早期一般都会出现异嗜癖，经常啃墙壁、泥巴、砂石，食欲明显失常，呈现消化功能紊乱现象。随着病情发展，病羊易发生疲劳，四肢无力，行走时摇晃不稳，不断消瘦，喜伏卧（图6-3-1）。全身骨骼疏松变形，用针易于刺入。四肢关节肿大，容易发生骨折。

图6-3-1　骨软症

【防　治】 在生理要求上，动物对钙磷的要求应该是1.5∶1或2∶1。因此必须检查饲料内这两种物质的配比是否恰当，如有不妥，应予改正。此外，可给病羊补充钙质和磷质。为了做好这一工作，最好是先送材料到有关单位检查血清，了解究竟是缺磷还是缺钙。了解有无高磷和高钙现象，然后再有的放矢地进行治疗。原则是：高磷低钙所致的软骨症，以补钙为主，同时兼用维生素D，如给予乳酸钙或硫酸钙，成年羊每天1次5～10克内服，并皮下或肌内注射含维生素D 25 000单位的维丁胶性钙3～5毫升，羔羊用量酌减，连用15～20天。如为低磷所致，应予补磷，可用3%次磷酸钙溶液静脉内注射，成年羊一次 50 毫升，连用 3 ~ 5 天。但关键仍在于对饲料的钙磷比例做合理调整，并改善饲养方法，如增加光照和增多户外活动等，方能奏效。

四、维生素 A 缺乏症

当羊的饲料中缺乏胡萝卜或维生素 A 时，易引起维生素 A 缺乏症。

【病　因】　本病的发生是由于饲料中缺乏胡萝卜素或维生素 A；饲料调制加工不当，使其中脂肪酸变质，加速饲料中维生素 A 类物质的氧化分解，导致维生素 A 缺乏；当羊处于蛋白质缺乏的状态下，便不能合成足够的视黄醛结合蛋白质运送维生素 A；脂肪不足，影响维生素 A 类物质在肠中的溶解和吸收。因此，当蛋白质和脂肪不足时，即使在维生素 A 足够的情况下，也可发生功能性的维生素 A 缺乏症。此外，发生慢性肠道疾病和肝脏有病时，易继发维生素 A 缺乏症。

【临床症状】　缺乏维生素 A 的病羊，特别是羔羊（图 6-4-1）。最早出现的症状是夜盲症，常发现在早晨、傍晚或月夜光线朦胧时，病羊盲目前进，碰撞障碍物，或行动迟缓，小心谨慎；继而骨骼异常，常继发唾液腺炎、副眼腺炎、肾炎、尿石症等；后期病羔羊的干眼症尤为突出，导致角膜增厚和呈

图 6-4-1　病羊盲目前进，行动迟缓

云雾状。

【预　防】

（1）加强饲料的管理，防止饲料发热、发霉和氧化，以保证维生素 A 不被破坏。

（2）在冬季饲料中要有青贮饲料或胡萝卜，秋季贮收的干草要绿；长期饲喂枯黄干草应适当加入鱼肝油。

【治　疗】

（1）饲料加入维生素 AD 粉，按说明书使用量添加。

（2）病重羊肌内注射维生素 AD 注射液，成年羊 5 毫升 / 只，羔羊 1～2 毫升 / 只。

（3）对有眼部症状的羊，结膜涂红霉素眼膏，每天 1 次。

（4）每天在羊舍内驱赶羊运动，上、下午各 1 小时，每只羊每天喂给优质紫花苜蓿和胡萝卜各 0.25 千克。病羊经治疗 3 天后逐渐好转，到 1 周时，所有病羊均恢复正常。

五、食毛症

食毛症，主要是由母羊和羔羊饲料中的矿物质和维生素不足，尤其是钙、磷不足；羔羊缺乏必需的蛋白质；羊群过于拥挤；羔羊受虱、蜱叮咬，因疼痛、瘙痒啃咬叮咬处，食入绒毛等因素引起的。食毛症是绵羊羊羔的一种代谢紊乱疾病，表现喜欢舔食羊毛，如食毛过多，则影响消化，甚至并发肠梗阻造成死亡。

【病　因】

（1）无机盐及微量元素的缺乏：日粮中含硫氨基酸（胱氨酸、半胱氨酸和蛋氨酸）缺乏，即发生食毛症；钴和铜缺乏以及钙、磷缺乏或比例失调发生的佝偻症亦能引发此病。圈养期间，仅投放牧草或农作物秸秆，从不饲喂无机盐及微量元素等饲料添加剂，饲料粗劣、单一，母羊严重营养不良，产后奶水不足或质量不良，以致羊羔得不到充足的营养补给，导致异嗜。

（2）管理、环境因素：圈舍十分拥挤，饲养密度太大，积粪太多，环境卫生很差，异味严重，羊体脱落羊毛很多，以致羊群互相舔食现象严重。圈养羊缺少户外活动，日光照射严重不足，再加上饲料粗劣、单一，降低了皮肤内维生素 D 原转为维生素 D 的能力，严重影响了钙的吸收，患骨软病现象严重。

（3）寄生虫病引发圈养羊秋季药浴不彻底，患疥螨等寄生虫病现象严重，个别羊严重脱毛，畜主又不定期驱虫，体内寄生虫亦较严重，成年母羊身体瘦弱，严重营养不良，舔食土块、破布等异物，互相摩擦、啃咬，以致顺口吞下羊毛。

【临床症状】　发病初期，病羔羊喜吃被粪尿污染的腹股部和尾部的毛，以后变为吃其他羊的毛，往往羔羊之间互相食毛。严重时全身毛被吃光（图 6-5-1）。吃下的毛积在皱胃及肠管内，形成毛球（图 6-5-2），刺激胃肠，引起消化不良、便秘、腹痛及鼓胀等症。

绵羊食毛症是因某些矿物质及微量元素缺乏而引起的一种代谢病，病羊常因吞食羊毛而形成毛球，梗塞胃肠而死亡。尤以冬春圈养羊羔常发，山羊少见。

病羊精神沉郁，四肢软弱无力，喜卧，站立时低头磨牙，嘴角有少许泡沫，食欲废绝，呼吸急促，回头顾腹，小便消失，肛门皮毛被稀便污染，最终四肢抽搐而死亡。

图 6-5-1　病羊体表被毛大片缺失

图 6-5-2　病羊食毛后在消化道内形成的毛球

【病理变化】　心、肺、肾均正常，肝略微肿大，胆囊增大，皱胃内有 6 厘米 ×4.5 厘米的大小不一毛球，奶汁滞留，有奶酪状乳状物，肠道有长絮状毛缕，膀胱充盈。

【诊　断】　本病很难诊断。病羊发病前，养殖户因疏于管理，且因饲养数量多而不易发现，到就诊时一般已至晚期，只能凭牧主的口述及临床经验予以判断。按有关报道介绍的治疗方案治疗，均未收到良好效果。

【治　疗】　此病可行皱胃切开术取出毛球。

【预　防】

（1）改善饲养管理，供给饲料营养要全面，并经常进行运动。对于羔羊，应供给富含蛋白质、维生素和矿物质的饲料，如青绿饲料、红萝卜、甜菜和麸皮等，每日供给骨粉 5～10 克和足量的食盐。

（2）将吃毛的羔羊与母羊隔开，只在哺乳的时候让其母子相见。

（3）将母羊乳房周围的毛清理干净。

（4）及时清扫圈内羊毛。给羔羊补喂动物性蛋白质，如鸡蛋，有制止羔羊吃毛的作用。

（5）加强羔羊卫生，驱除羔羊身上的虱、蜱等寄生虫，避免羔羊啃食叮咬处。

六、有机磷中毒

羊有机磷中毒是由于羊接触、吸入或采食了有机磷制剂引起的一种中毒性病理过程，以体内胆碱酯酶活性受到抑制，导制神经生理功能紊乱为特征。

【临床症状】　病羊流涎、流泪、咬牙，瞳孔收缩，眼球颤动，个别羊严重腹泻，无食欲，反刍停止，全身发抖，步态不稳，卧倒在地，全身麻痹，呼吸困难；有的窒息死亡。病羊心跳 100 次 / 分以上，呼吸 50 次 / 分以上，体温正常。

【病理变化】　胃黏膜充血、出血、肿胀（图 6-6-1、图 6-6-2），黏膜易脱落。肺充血、肿大，气管内有白色泡沫。肝脾肿大。肾脏浑浊肿胀，包膜不易剥落。

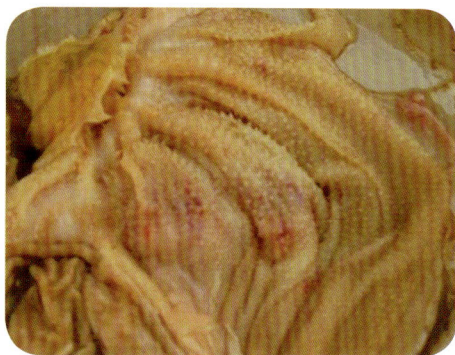

图 6-6-1　瓣胃黏膜充血、出血

图 6-6-2　皱胃黏膜充血、出血

【治　疗】

（1）发现中毒后应尽早采用药物治疗。阿托品皮下注射，剂量每只 2~4 毫克，病情严重者可加大剂量 2~3 倍，第一次注射后隔 2 小时再注射 1 次，直到症状减轻为止。10% 葡萄糖注射液 500 毫升，碘解磷定注射液 15 毫克 / 千克，静脉滴注；2 小时后再静脉推注 1 次，剂量同上。阿托品皮下注射配合胆碱酯酶复能剂（碘解磷定、氯磷定或双复磷注射液）的同时，结合其他对症疗法。

（2）对兴奋不安、出汗严重的静脉滴注镇静剂，但不可使用氯丙嗪。

（3）对超过 36 小时中毒者，复能剂已不能发挥治疗作用，除使用阿托品治疗，给病羊输血 100～200 毫升，有良好作用。

（4）中毒症状缓解之后，不要过早停止阿托品的使用，以免残毒再吸收而引起复发，最低限度维持量不能少于 72 小时。

（5）在治疗有机磷中毒的过程中，切忌静脉补碱。因为解磷定在碱性环境中水解成毒性极强的氰化物。

七、尿素中毒

反刍动物瘤胃内的微生物可将尿素或铵盐中的非蛋白氮转化为蛋白质。人们利用尿素或铵盐加入日粮中以补充蛋白质来饲喂羊，用于畜牧生产，但补饲不当或过量即可发生中毒。

【病　因】

（1）利用尿素和铵盐（亚硫酸铵、硫酸铵、磷酸氢二铵）作为饲用蛋白质代替物时，超过了规定用量。根据试验，如给绵羊一次灌服尿素 8 克，即可引起死亡；但如投喂尿素 18 克加糖渣 72 克，却不致发生死亡。

（2）误食含氮化学肥料（尿素、硝酸铵、硫酸铵）而引起中毒。

【临床症状】 发病羊大约 1 小时后出现中毒症状，表现为精神沉郁，呆滞，来回走动，不安，呻吟，反刍停止，腹胀，肌肉发抖，走路来回摇摆，不停地出现强直性痉挛，呼吸困难，脉搏增数，大量出汗，口吐白沫；2 小时后病羊倒地，四肢出现游泳样运动，大部分羊 3 小时左右开始死亡。

【病理变化】 羊的鼻孔内流出红褐色液体，眼球下陷，眼结膜发绀，阴道黏膜发绀，有白色胶样物，皮下淤血。腹腔内有强烈的腐败气味。瘤胃饱满，浆膜呈暗褐色，切开后有刺鼻的氨味，黏膜脱落，底部出血（图6-7-1），胃内容物呈现红白相间。肠黏膜脱落出血，尤其是小肠前段的出血和溃疡严重。肝脏肿大，含血量多，质地变脆，胆囊扩张，充满胆汁（图6-7-2）。肾脏肿大，有大量的尿酸盐沉积。肺脏淤血，支气管内有粉红色泡沫状分泌物。心外膜有鲜红色弥漫性出血点。心室扩大，血凝块分层明显。膈膜有轻度充血和少量淤血。

图6-7-1 瘤胃黏膜出血　　　　图6-7-2 肝脏肿大，含血量多

【诊　断】 根据中毒羊有采食尿素的病史、临床症状并在很短时间内死亡以及病理剖检变化，可确诊。一般情况下，当血氨为8.4～13毫克/升时，即出现症状；当达20毫克/升时，表现共济失调；达50毫克/升时，动物即死亡。

【预　防】

（1）防止羊误食含氮化学肥料。

（2）在饲用各种含氮补饲物时，应遵守以下原则：①必须将补饲物同饲料充分混合均匀。②必须使羊有一个逐渐习惯于采食补饲物的过程，因此在开始时应少喂，于 10~15 天内达到标准规定量。如果饲喂过程中断，在下次补喂时，仍应使羊有一个逐渐适应的过程。③不能单纯喂给含氮补饲物，也不能混于饮水中给予。

【治　疗】

①在中毒初期：为了控制尿素继续分解，中和瘤胃中所生成的氨，可灌服 0.5% 食醋 200~300 毫升，或灌给同样浓度的稀盐酸或乳酸；或灌服酸羊奶 500~750 克，可获得良好效果。②臌气严重时，可施行瘤胃穿刺术。③对于铵盐中毒者，可内服黏浆剂或油类，混合大量清水灌服。如吞咽困难，可慢慢插入胃管投服。④对症治疗，用苯巴比妥抑制痉挛，静脉注射硫代硫酸钠以利解毒。

八、硒 中 毒

硒中毒是动物采食大量含硒牧草、饲料或补硒过多而引起动物出现精神沉郁、呼吸困难、步态蹒跚、脱毛、脱蹄壳等综合症状的一种疾病。急性中毒（又名"瞎撞病"）以出现神经系统症状为特征，慢性中毒（又名"碱病"）则以消瘦、跛行、脱毛为特征。

【病　因】

（1）土壤含硒量高，导致其上生长的粮食或牧草含硒量高，动物采食后引起中毒。一般认为土壤含硒 1~6 毫克/千克，饲料含硒达 3~4 克/千克，即可引起中毒。一些专性聚硒植物（或称"硒指示植物"），如豆科黄芪属某些植物的含硒量可高达 1000~1500 毫克/千克，是引发羊硒中毒的主要原因。此外，有些植物如玉米、小麦、大麦、青草等，在富硒土壤中生长亦可引起动物硒中毒。

（2）人为因素，多因硒制剂用量不当，如治疗白肌病时亚硒酸钠用量过大，或动物饲料添加剂中含硒量过多或混合不均匀等，都能引起硒中毒。此外，由于工业污染而用含硒废水灌溉，也可使作物、牧草被动蓄硒而导致硒中毒。

【临床症状】

急性中毒时，羊表现为不安；之后则精神沉郁，无力，头低耳耷，卧地时回头观腹（图6-8-1），呼吸困难，运动障碍，可视黏膜发绀，心跳快而弱，往往因虚脱、窒息而死。中毒羊死前高声鸣叫，鼻孔流出白色泡沫状液体（图6-8-2）。

慢性中毒时，羊表现为消化不良，逐渐消瘦，贫血，反应迟钝，缺乏活力。此外，慢性硒中毒还可影响胎胚发育，造成胎儿畸形及新生仔畜死亡率升高。

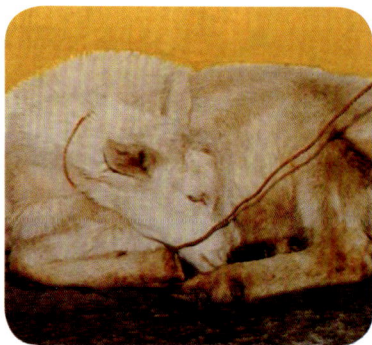

图6-8-1　病羊精神沉郁，卧地，回头观腹

图6-8-2　病羊死前哀叫，鼻孔流出泡沫

【病理变化】

急性中毒羊表现为全身出血，肺充血、水肿（图 6-8-3），腹水增多，肝、肾变性，气管内充满大量白色泡沫状液体（图 6-8-4）。

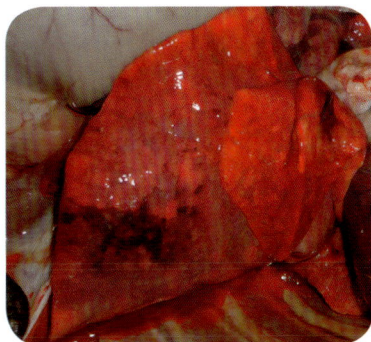

图 6-8-3　肺充血、水肿

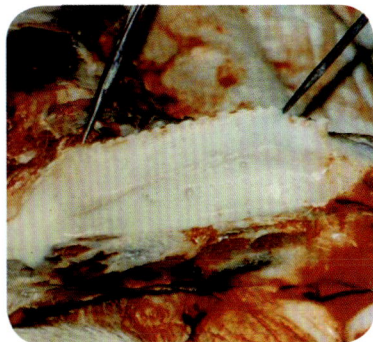

图 6-8-4　气管充满白色泡沫状液体

亚急性及慢性中毒时，组织器官的病变见于肝脏、肾脏、心脏、脾脏、肺脏、淋巴结、胰脏和大脑。如肝脏萎缩、坏死或硬化，脾肿大并有局灶性出血，脑水肿、软化等。

【诊　断】　根据病史（喂了富含硒的饲料或添加剂，注射超过安全量的硒）、临床症状可做出诊断。

【治　疗】　急性硒中毒尚无特效疗法，慢性硒中毒可用砷制剂治疗，治疗时可采用以下方法：

（1）在饲料或饮水中加 0.1% 对氨苯胂酸，或饲料中加 5 毫克/千克亚砷酸钠或砷酸钠（饮水 5~25 毫克/千克），可预防和治疗本病。

（2）给予高蛋白（鸡蛋白、煮黄豆浆、亚麻籽油），可降

低硒的毒性。

（3）日粮中加入 50～100 毫克/千克对氨苯胂酸，可促进硒从胆汁排出。

（4）在治疗过程中，不要用维生素 C，因其能减少硒的排泄。

（5）用 10%～20% 硫代硫酸钠以 0.5 毫升/千克体重静脉注射，有助于减轻刺激症状。

【预　防】　饲料含硒大于 5 毫克/千克即有引发中毒的危险。因此在富硒地区或不明土壤含硒量的地区，应检查土壤和植物的含硒量。如含硒高，应换地放牧或引入低硒区的饲料，以免引起硒中毒。被富硒煤矿或其他冶炼含硒矿产的厂矿（硫酸厂、硫铁矿）排放的废气、废水所污染的水和饲料不能供羊饮用和食用。羊圈选址也应远离这些厂矿。若已发病，应立即停用原来的饮水和饲料。

九、铜 中 毒

本病是由于羊长期摄入过多铜盐而引起中毒的疾病。急性者以呕吐、流涎、剧烈腹痛腹泻为特征。慢性中毒则以瘤胃迟缓、粪少呈黑褐色、黏膜黄疸为特征。

【病　因】　在使用过含铜制剂或土壤含铜量高的牧场放牧，饲料中添加铜盐过多，误食杀虫或杀灭蜗牛的铜制剂，均可引发本病。

【临床症状】　本病分为急性和慢性。急性中毒主要表现呕吐，流涎，剧烈腹痛、腹泻，心动过速，惊厥，麻痹和虚脱，最后死亡（图 6-9-1）。粪便中含有黏液，呈深绿色。慢性病例则表现精神沉郁，厌食，黏膜黄疸，尿中含有血红蛋白，粪便变黑。尸体剖检可见肝脏黄染，肾脏呈暗黑色（图6-9-2）。

【诊　断】　根据临床症状可做出初步诊断。进行胃内容物和粪便分析有助于本病的诊断，取胃内容物和粪便加入氨水，若由绿变蓝，则为阳性。

【预　防】　禁止用硫酸铜喷雾污染草料，药用硫酸铜制剂要严格掌握用量，使用铜饲料添加剂时，必须混合均匀，控制喂量。

【治　疗】　原则是消除致病因素，加速毒物的排除及解毒疗法。首先应把病羊置于安全处所，更换饲料，加强护理。促进

图6-9-1　病羊剧烈腹痛、腹泻

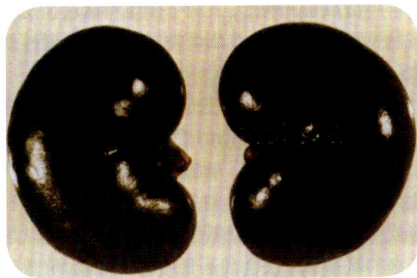

图6-9-2　肾脏呈暗黑色

铜盐的排出，可用0.1%亚铁氰化钾溶液洗胃；也可灌服羊奶、蛋清、豆浆或活性炭等肠黏膜保护剂，以减少铜盐的吸收。排除已吸收的铜盐，可应用乙二胺四乙酸二钠钙或二巯基丁二酸

钠。慢性中毒者，可给予钼酸铵 50～500 毫克。

十、碘缺乏病

碘缺乏的主要特征是甲状腺发生非炎症性增大，故又称甲状腺肿。

【病　因】

（1）原发性碘缺乏：主要是羊摄入碘不足。羊体内的碘来源于饲料和饮水，而饲料和饮水中碘与土壤密切相关。土壤缺碘地区主要分布于内陆高原、山区和半山区，尤其是降水量大的沙土地带。土壤含碘量低于 0.2～0.25 毫克 / 千克，可视为缺碘。羊饲料中碘的需要量为 0.15 毫克 / 千克，而普通牧草中含碘量 0.006～0.5 毫克 / 千克。许多地区饲料中如不补充碘，可产生碘缺乏症。

（2）继发性碘缺乏：有些饲料中含碘拮抗物质，可干扰碘的吸收和利用，如芜菁、油菜、油菜籽饼、亚麻籽饼、扁豆、豌豆、黄豆粉等含拮抗碘的硫氰酸盐、异硫氰酸盐以及氰苷等。这些饲料如果长期喂量过大，可产生碘缺乏症。

【流行特点】　本病常发生在碘缺乏地区，羔羊发病率远高于成年羊。病羊如果甲状腺肿块不大，外表很难看到，也难触及。

【临床症状】　妊娠母羊患病时，常产出死胎、弱胎或畸胎。所生患有甲状腺肿病羔，体弱多病很难存活，多因肺炎或腹泻而死亡。妊娠母羊的甲状腺肿如由长期饲喂大量致甲状腺肿物质所致，其临床表现虽无异常，但肿大的甲状腺可触摸到，所产羔羊软弱无力（图6-10-1），不能站立，低头偏向一侧，不能吮乳；颈下可见一鸡蛋至拳头大肿块；呼吸极度困难；头颈皮肤、眼眶、眼睑水肿；四肢水肿，关节弯曲；于出生后数小时至24小时死亡。

图 6-10-1　羔羊软弱无力

【诊　断】临床上甲状腺肿大易于诊断。无甲状腺肿时，如果血液碘含量低于24微克/升，或者羊乳中碘低于80微克/升，可诊断为碘缺乏。

【预　防】在碘缺乏区内，坚持对妊娠和泌乳期母羊以及羔羊补碘。补碘的方法很多，如饮水中每羊每天加入50微克碘化钾或碘化钠；在舍饲羊的饲料中加入含碘添加剂或1千克食盐中添加碘化钾或碘化钠1毫克，让绵羊自由采食；在绵羊股内侧，用3%~5%碘酊棉球涂搽，每月1次，两侧轮换涂搽。妊娠期和泌乳期母羊，禁止饲喂含致甲状腺肿物质和硫脲类物质的饲料或植物。

【治　疗】一旦发现羊群中有甲状腺肿病羊，立即用碘化钾或碘化钠治疗，每羊每天5~10毫克混于饲料中饲喂，或在

饮水中每天加入5%碘酊或10%复方碘液5～10滴，20天为1疗程，停药2～3个月，再饲喂20天，即可达到治疗效果。

十一、铜缺乏病

铜缺乏病是动物体内铜含量不足所致的一种重要营养代谢性疾病，其特征是贫血、腹泻、运动失调和被毛褪色。

【病　因】

（1）原发性：日粮缺铜引起动物机体缺铜，主要是由于生长在低铜土壤上的饲草或土壤中铜的可利用性低所致。一般认为，饲料中铜低于3微克／克即可引起发病，3～5微克／克为临界值，10微克／克以上能满足动物的需要。

（2）继发性：动物对铜的摄入量是足够的，但机体对铜的利用发生障碍。①钼与铜具有拮抗性。当饲草、饲料中含钼低于3微克／克时，对铜并无影响；但当饲料中钼含量达3～10微克／克时，即可引起铜的不足而出现临床症状。通常认为铜钼比应高于2:1。②饲料中含锌、镉、铁、铅和硫酸盐等过多，影响铜的吸收，造成机体铜缺乏。③饲草中植酸盐含量过高，可与铜形成稳定的复合物，降低动物对铜的吸收。④反刍兽饲料中的蛋氨酸、胱氨酸、硫酸钠、硫酸铵等含硫物质过多，经过瘤胃微生物的作用均可转化为硫化物。后者与钼共同形成一种难溶解的复合物，可降低铜的利用。

【流行特点】　本病在世界各地均有报道，常呈地方流行或大群发生。原发性铜缺乏主要发生在幼龄动物，绵羊和山羊最为易发生。

【**临床症状**】　运动障碍是羔羊铜缺乏的主要症状，故又称为"摆腰病"或"地方性共济失调"。主要危害1~2月龄的羔羊，在严重暴发时刚出生的羔羊也可发病，但常常造成死亡。早期症状为两后肢呈"八"字形站立（图6-11-1），驱赶时后肢运动失调，跗关节屈曲困难，以球节着地，后躯摇摆，极易摔倒，快跑或转弯时更加明显，呼吸和心率随运动而显著增加。严重者做转圈运动，或呈犬坐姿势，后肢麻痹，卧地不起，最后死于营养不良。羔羊随年龄增长，后躯麻痹症状可逐渐减轻。

图6-11-1　羔羊呈"八"字形站立

被毛变化很明显，稀疏、粗糙、缺乏光泽、弹性降低，颜色变浅（图6-11-2）。绵羊铜缺乏时被毛柔软，光滑，失去弯曲，黑毛颜色变浅。被毛变化是最早的症状，在亚临床铜缺乏病可能是唯一的症状。

图 6-11-2　被毛稀疏，颜色变浅

　　贫血是多种动物严重、长期缺铜的常见症状，发生于铜缺乏的后期。羔羊主要表现低色素小红细胞性贫血，而成年羊则呈巨红细胞性低色素性贫血。

　　腹泻是继发性铜缺乏的常见症状，粪便呈黄绿色或黑色水样，腹泻的严重程度与颉颃元素钼的摄入量成正比。

　　此外，母畜的发情表现常不明显，不孕或流产，泌乳量下降，其幼畜生长不良。

　　【病理变化】　铜缺乏的特征病变是贫血和消瘦。骨骼的骨化推迟，易发骨折，严重时表现骨质疏松。地方性铜缺乏的最主要组织病变是小脑束和脊髓背外侧束的脱髓鞘。在少数严重病例，脱髓鞘病变也波及大脑，蛋白质结构破坏，出现空洞。并且有脑积水、脑脊髓液增加和大脑回几乎消失等病理变化。肝脏、脾脏和肾脏有大量含铁血黄素沉着。

　　【预　防】

　　（1）日粮中添加硫酸铜，最低硫酸铜水平为羊 5 微克 / 克。

（2）母羊在妊娠中后期口服硫酸铜1～1.5克，每周1次，能预防幼畜铜缺乏症，也可在幼畜出生后口服铜制剂。

（3）经口投服含硒、铜、钴等微量元素的长效缓释丸。

（4）在饮水中添加硫酸铜，让动物自由饮用。

（5）给低铜草地施用含铜肥料，能显著提高牧草中铜的含量。

【治　疗】

（1）羔羊，在日粮中添加硫酸铜0.5～1克，每周1次，连用3～5周。

（2）羔羊，甘氨酸铜45毫克，皮下注射，每周1次，连用3～5周。

十二、氟中毒

氟中毒是由于羊饲养于含氟量高的地区，长期摄取的氟化物超过生理需要量而引起的中毒病。

【病　因】　由于误食或误饮有机氟化物污染的饲料或饮水引起。

【临床症状】　病羊因采食量不同，所表现临床症状的严重程度也不同，摄取量大，常呈急性经过，表现急性氟中毒症状；摄取量少，呈慢性经过，表现慢性中毒症状。

急性中毒表现不反刍，不合群，尖叫，颤抖，呼吸促迫，角弓反张（图6-12-1）。慢性氟中毒病能使病羊骨质变形，牙齿形成氟斑及磨损过度或不整（图6-12-2），跛行，四肢运动障碍。

图 6-12-1　急性氟中毒羊呼吸促迫，角弓反张

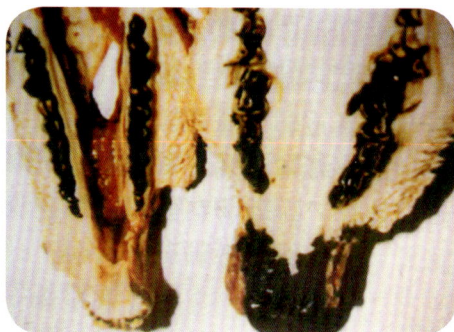

图 6-12-2　氟斑牙，牙齿呈黑色

【病理变化】　急性死亡羊胃肠腐蚀严重，呈出血性胃肠炎病变，心脏扩张，心肌变性，心内外膜有出血斑点，脑软膜充血、出血，肝、肾淤血、肿大，而且尸僵迅速。

【预　防】

（1）在含氟量高的地区，水中含氟量也高，要打深机井，找到含氟量低的水层供饮用水。

（2）含氟量高的地区可从外地调剂饲料，互相交换，以避免本病发生。

（3）平时要在饲料中增加钙、磷，用骨粉效果较好，能提高羊对氟的耐受性。

【治　疗】

（1）早期用 0.05% 高锰酸钾或肥皂水洗胃；如中毒时间较长，可口服硫酸镁或硫酸钠 30 ~ 50 克，并同时内服活性炭 60 ~ 100 克，加水 1000 毫升，以吸附毒物，促进快速排出；也可给病羊服绿豆汤、蛋清，保护胃肠黏膜，吸附毒素，防止毒素的吸收。

（2）解氟灵（乙酰胺）是氟乙酰胺中毒的特效解毒剂，按每千克体重 0.1 ~ 0.3 克，用 0.5% 盐酸普鲁卡因溶液稀释后分 3 ~ 4 次肌肉注射，首次量为全天药量的 1/2，另一半每隔 2 小时注射 1/4；第 2 天开始将全天量分为 4 份，每 4 小时肌内注射 1 次，连用 3 ~ 5 天。

（3）慢性中毒治疗较困难，首先要停止摄入高氟牧草或饮水移至安全牧区放牧是有效的办法，并给予富含维生素（主要是维生素 A、维生素 D、维生素 C）的饲料及矿物质添加剂。修整牙齿。对跛行病畜，可静脉注射葡萄糖酸钙。